目錄

第三章 從基隆來的海派餐桌

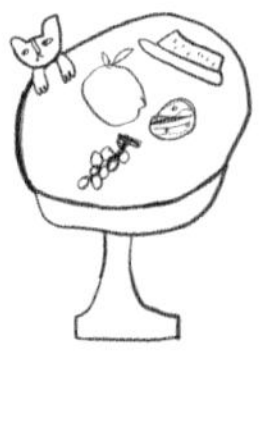

前言

Penny 以手感和氣味鋪成餐桌

如果生命會給你一些指引，那這指引就藏在自己喜歡的生活裏面。

二〇二〇在疫情改變了全世界，也改變了我們，就在這樣的機緣下，海那邊小食堂誕生了，而這個小店鋪，就是位於我從小到大生長的環境，在正濱漁港瞭望著和平島，我可是道地的和平島人呢。

在過去的工作機會中，讓我有機會走遍世界各地。每每到一個國家、一座城市，最喜歡藉著探索找到屬於自己的一間店或餐廳，細細欣賞主人用心呈現的氛圍。旅行過程中遇到讓我著迷不已、欲罷不能的店時，我總在心裡跟老天說，「我也要在基隆做些我喜歡的事，那是有溫度、可以品嘗到細緻和美味，自然散發療癒感的空間」，這一切如果符合真理，就讓這件事發生吧。

疫情帶來很多悲傷也帶來很多禮物，我相信在生命中或許老早就被安排好了一些事，而這些事往往在來不及反應的時候，我們已經「在對的路上」。從決定開店到現在，先撇開成果，最棒的收穫是我明白一件事，「過去的所學都在成就自己百分之百的現在」。從美學、繪畫、攝影、烹飪、旅行、策展、收集的老物……這些美好的事情一眨眼就在港邊的小食堂裡，全都派上用場。

如果不是愛吃的體質，怎麼會學烹飪？因為從小愛收集老物，所以店一開這些傢俱老物全都各就各位；如果以前沒有愛玩社團，哪來的熱血辦活動？每次一想到這些，內心總是會心一笑，哎呀，哎呀，還好沒白花了錢，也還好沒浪費青春，瞬間明白了，一切都是為了成就現在。

店裡的每一樣食物，都是我愛吃的，所以也做給你們吃，如果我不討好自己，讓自己開心生活，那麼這間店怎會有很好吃的食物呢？

我在這本書裡提到的，過去在世界各地學習料理的過程，不是為了開店而準備，是單純想滿足自己的喜好。譬如太愛吃麵了，所以四處尋訪知名麵館，問題是大半夜要吃義大利麵該上哪去呢？因此企圖心大爆發的向不同老師學習料理與認識食材，來滿足半夜的轆轆飢腸。

愛收集老物，那些碗盤和器皿，從不是為了要開餐廳才買，是我喜歡在生活中享受這些器皿帶給我的溫暖與滋養，後來店開了，就理所當然的把這幾十年收藏的物件搬出來，讓大家跟我一樣，一起享受它們。

在店裡有機會跟客人聊幾句的時候，我喜歡告訴他們，什麼事都不要急、不要慌、我們永遠都豐盛，只是在學習閱讀豐盛的樣貌，好比你的學習能力很快、有耐心，好比你龜毛、做事講究，再好比你只會做一件事，卻把那件事做到最好……，這些都是豐盛的樣子，我們永遠都無缺，只是在學習把過去累積的用在今天，這些豐盛與過去的經驗組合起來，會比變形金剛還要強大，讓自己都驚訝。

海那邊不只是一間冰店，也不只是一間食堂，只想把愛的元素剛剛好放在一起，看看會有什麼樣的發酵？就像——夏天很熱，我們的冰品讓你透心涼；冬天很冷，我們的關東煮暖活你；一年四季還有特製海鮮茶泡飯來款待你；這些愛的能量所創造出來的氛圍會是不一樣的吧？

我愛吃，也喜歡犒賞自己，把自己過得好好的。因為「現在好好的」也是在成就未來的自己，沒有什麼比愛自己、聆聽自己心裡的聲音來的重要，吃飯是、生活也是。

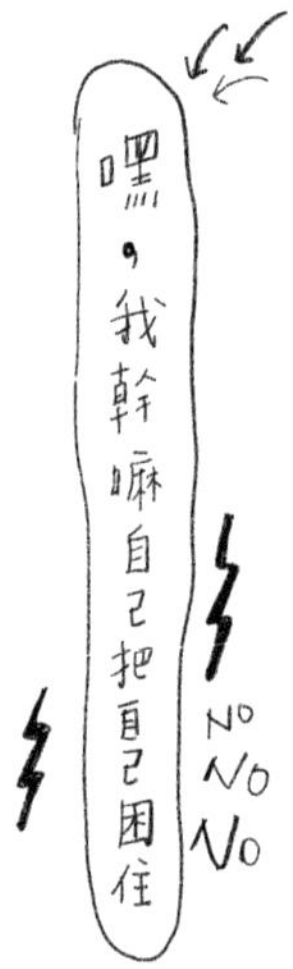
嘿，我幹嘛自己把自己困住
No No No

第一章
從歐洲來的心靈餐桌

不用面對現實
做夢的感覺好爽

一頓晚餐換來七把鑰匙，值了！

下船後的我狠狠地被這裡迷惑了呀！因為羅維尼（Rovinj）這座古城擁有美麗港灣與動人的日落，走在古城的巷弄間，每一步都是愉悅地像飛起來一樣，想告訴自己：慢慢走，心裡又太過於興奮，激動得想要立馬就逛遍這座古城。這裡不豪華而是樸實地呈現自己，每間店都太有自己的想法和風格，沒有違和感、絲毫不做作，也不能輕易地被定義。我想一定是當地居民在漫長歲月浸染下，天生擁有的藝術感，才能一代傳承一代塑造出古城的生活美感吧，這種美感是無法被抄襲的。

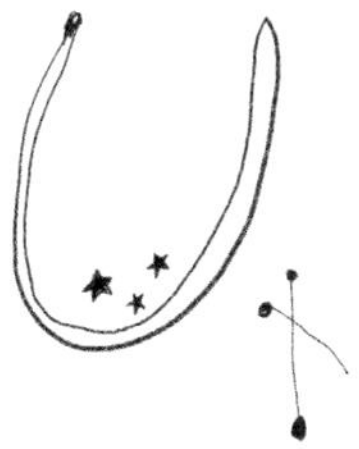

我們前往在大半年前就預約好的餐廳La Puntulina，這全然是少女心使然，每一次都會為大海而爆棚，也是一種只要到了海邊非得要去追夕陽的任性——這已經連續兩年了，每到春天，我跟好朋友們會特別到羅維尼這座海港漁村一起共享黃昏晚餐。話說又回來，這個世界上有海的地方很多，可以看到夕陽的餐廳也很多，為何非得遠得要命地跑到羅維尼吃一頓晚餐，看一天夕陽？事實上，它是一個四面環海的小島，島上居民可以生活的腹地不大，但是在地生活的人非常懂得、也很願意與自然共生，他們會把海邊的一塊岩石當作平台擺上餐桌椅，邀請遠道而來的旅人們入座，在夕陽美景下悠閒地享受海風，這一片海讓人沒有「想像」的限制、充滿創意，這是最吸引我的地方了。

這裡的黃昏很有養分，我深深地相信只要在這裡住上幾個月，我們的細胞能量會改變——變得浪漫、變得溫柔、變得很愛笑；而當地人都很有這樣的特質，我常開玩笑說：「這裡的夕陽會調情」，這裡的夕陽為當地人的生活添上了滋養不滅的浪漫；老實說，除了欣賞夕陽，我更欣賞住在這裡的人們，擁有一種天生會過生活的靈魂。

預約的時候，我會指定坐在La Puntulina的海景第一排。在夕陽西下前到達餐廳，可以先安心地喝點酒，拿起相機、手機大拍特拍，優雅地等待餐點陸續上桌。我很喜歡用在地食材設計菜單的餐廳，第一道前菜涼拌海鮮送上桌時微微冰涼得剛

剛好，上頭有七種不同的海鮮食材，分別有加入琴酒灑上蒔蘿的燻鮭魚，用白葡萄酒醋調味的鮮蝦，拌入龍蝦醬汁的烏賊，軟嫩的魚泥，酥脆的炸魚，烤出天然香氣的小魚以及夠味好下酒的檸檬醃生魚，擺放在白色的瓷盤上。

七種不同做法的料理，是另一個世界，每一口都有不同的驚喜。其中的檸檬醃生魚，用生吃等級的鮮魚以柑橘汁與青檸檬調味，又香又酸的氣味可以解腥，加上少量的椰奶調和酸度讓味道變溫和一點，又佐以辣椒和薑讓口感多了一分野性，我一小口、一小口地品嘗，再飲一點白酒配上風景，滋味美得很容易醉，下一秒遊艇出現在海上，船上的遊客高興地朝我們揮手，這一秒我們也成為一道風景，沒有預約到座位的旅人們，他們的羨慕眼光集中在我們身上。

我的醉不是因爲喝酒
是因爲這裡太美好

食物除了料理的基本功夫，只要搭配新鮮的在地食材都會讓整體大加分，光是前菜就有七種生鮮，七種料理方式、七種美感呈現、與七種享用方式。

事實上，我們永遠不會知道旅行後會給自己未來的日子帶來多少「美妙的後遺症」。我喜歡旅行也喜歡旅行後不斷發酵的體悟，因為每個當下的我都太嗨了，當下來不及領悟到什麼呀，所以回家也是另一個旅程的開始，專屬內心的旅程。每

一天我的身體與記憶都悄悄地在消化那一路上帶來的刺激與感動，後來我才發現，原來 La Puntulina 前菜裡的七種食材及七種美感對我來說是一種禮物。

我們在解決問題時不需要被一個答案鎖死，我們的手上都可以有七把鑰匙，可以打開七道門，找到七種轉換的方式。這是我在當下爽爽吃美食時無法體會到的。現在只要覺得腦袋空空沒有任何新想法、創意的時候，看看這張照片，就會讓自己的限制狠狠地被打破，

嘿，我幹嘛自己把自己困住

NO NO No

因為改變讓不變有了更多創意。希望你也常常為自己尋找一個美好的晚餐打亂生活中一成不變的步調，然後找到你的鑰匙。

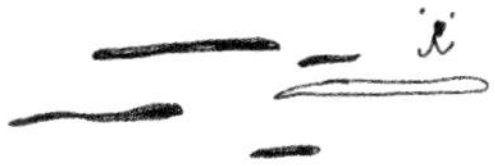

想像力是我的隱藏菜單

「我才不要只是在海邊玩玩水，這樣又不好玩！既然都飛了這麼遠，就要玩一些在台灣沒有的、玩不到的、體驗不到的……」每一次上飛機前，那些「爽玩」的欲望都會這樣從我嘴巴裡大聲說出來，而且我都會美夢成真喔。閉上眼睛，想像著：如果老天爺給我一個禮物，讓我在海邊玩水、晚餐，我會想要有什麼樣的體驗？嗯……我想要玩SUP（立式划槳），想要沙灘上有一張擺滿美食的餐桌，還有躺椅可以聊天、小憩，想要一種自由的悠閒：不論是想拍照、唱歌、畫畫……都可以，這些就是我心目中的浪漫，讓我不會有遺憾。

繼續做夢

想像在克羅埃西亞的羅維尼要有泡泡燈一圈一圈圍繞著海灘，海灘上長型的木頭桌子讓每一個人都可以看到彼此，餐桌上用在地的食材，有海鮮、水果、沙拉……對了，還要有濃湯，因為早晚溫差若是大一些，到了晚上有些涼意時一碗熱湯很重要；餐桌上還要有鮮花、有蠟燭、有美酒、有氣泡水、有果汁……隨著天色漸晚與海水的潮汐變化，海浪也加入了我們的晚餐，用餐的時候光著腳泡在淺淺地海水裡，那應該會很讚啊。但是，以上都是我在出發前的想像。

不用面對現實
做夢的感覺好爽

想像了所有的「爽玩」後，我要來面對現實的第一步，這一步也是夢想成真的關鍵，就是

勇敢說出來

平常聊天的時候就跟身邊的人說「想要去那裡玩」，「想要怎樣玩」，把想要的風景、旅行的畫面，描述給越多人聽越好，這樣會越講越有真實感；偶爾也可能會被別人潑冷水，這時候就要馬上啟動健忘的功能。

雖然說要「勇敢說出來」給身邊的人聽，其實老天也在聽。當然，不是只有講出來就會成真，實際上「行動」也是重要的，下一步就把你的想法和計畫給可以跟你「一起創造」的對象，也許是旅行社，也許是飯店，也許是剛好就有親朋好友住在那裡，一起合作突破關卡，用感染力與企圖心，把自己的想像創造成實像。

等真正抵達了羅維尼的海邊，立馬就下海去玩SUP（立槳衝浪），在教練的帶領下熟悉基本的操作與數次練習後，就划出了外海一直在海上享受浪漫近兩小時，回到岸上時，一個美麗的場景映入我的眼中，對吼！這時才想起午後的海邊餐桌時光。

我們入住的飯店就靠近海邊，岸上除了大海、岩石、樹林等自然景觀，唯一來自我夢想中的美景就是這一幅海邊的餐桌了，看到那個場域真實呈現在眼前甚至比想像中的還要美，所有同行的旅人們都發出了哇~地讚嘆，更是吸引了路過的旅人們紛紛來拍照，還有人以為這是婚禮現場。

喜歡創造這樣的驚喜給一起旅行的朋友，一個充滿幸福的當下，可以療癒好多我們眼睛看不到的世界，你可以成為接受驚喜的人，你也可以為別人創造驚喜，無論哪一種都好。對我來說想像力是「隱形菜單」，因為有了這一道看不見的菜，才會真正創造一個旅行的記憶，深刻的被記錄在回憶裡。

緩緩均勻地呼吸海邊的養分，在浪漫地夕陽下用餐，晃動一下泡著海水的腳，光是這樣就很可以療癒，時差、舟車勞頓都不見了；餐桌上以胡椒與鹽簡單調味的烤香菇、櫛瓜、切片的甜椒，加上一些油漬番茄油亮的模樣在夕陽下發光，很難不第一口吃上它；一旁還有不同種類的起司切片成三角形狀排列，隨性地吃一塊、隨意地搭配堅果，再飲一杯紅酒讓嘴裡的滋味好有變化，簡單卻可以吃上很久。另外義式香料奶油煎鯛魚搭配了切好的水果，大小剛好一口就能入口。這裡的食物吃的是原味，讓當下滿是讚嘆，如此簡單的料理方式竟然可以這麼好吃，剛好適合我們剛大量運動完還可以沒有負擔的大吃特吃，享受到原味食物帶給我們的不簡單。

好吃的一餐會給我們留下記憶，不僅僅是記得料理與食材而已，加上來自那個場域極好的能量，這一餐就會在我們的回憶中存放很久，每一次回想時，每一次想分享給其他人時，頭腦就會將這個檔案夾拿出來。

專注地享用了每一道當地人為我們準備的食物，看到同行每一個人都笑了，眼神發亮，很滿足的表情——我心裡再一次「謝謝海洋的款待」，如果靈魂可以用肉眼看得見，我相信那一刻大家的靈魂都在發光、都在跳舞，而我應證了我的衝動是對的，

> 我只收買浪漫，不收買遺憾

這一餐我們一起花了很長的時間晚餐，讓靈魂沉醉在浪漫的養分中久一點，再久一點，再久一點。

你長得很像正濱漁港耶

如果你沒事就千萬不要去這個地方，因為一旦去了你就很容易不想回來了（笑）。這個世界上迷人的海岸很多，而我心目中迷人的海岸需要具備幾個條件，有清澈見底的海水，有歷史感的乾淨街道（要很靠近海邊），四處可見斑駁的古城牆，有發亮的鵝卵石街道——再強調一次整座城市與海之間要靠近的；還要有在地人居住生活著，有好餐廳、有藝術的展出、有選物店可以買買東西……，如果上述條件都有了是不是很夢幻呀。

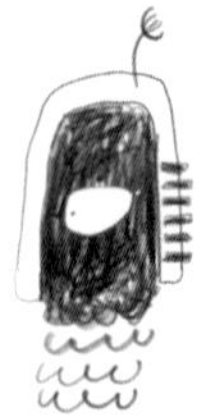

這樣的夢幻景象就出現在我眼前，那是我看過最美的海岸之一，就在克羅埃西亞的赫瓦爾島（Hvar）。一踏上這座小島，就被那迷人的港灣收服了，橘色屋頂配上湛藍海水，每入夏季還會滿山遍野地開滿紫色的薰衣草，那裡美得簡直就是要讓我暈倒。走在赫瓦爾這座小島上特別讓我激動的原因是這個場景彷彿看過、似曾相似……不一會兒我就認出它，「這裡不就很像我們基隆的正濱漁港呀，體質實在太接近了！」

不一樣的地方在於赫瓦爾港邊的鵝卵石路不大，擺上戶外桌的兩側是行人走道，不知道是店家一起的默契還是天生的美感，岸邊豎立的陽傘、選用的木頭支架和大理石桌都是白色系和一旁的建築在一起呈現優雅、和諧，沒有醜陋的鐵欄杆造成他們跟海之間的距離，每個人都為自己的安全負責任，沒有小孩會爆走在岸邊玩耍讓一旁的大人心驚膽跳，也沒有大人扯著嗓子對孩子說：「不要靠近海邊，那裡很危險」、「不要過去喔，你會掉下去」，沒有！沒有！沒有！在這裡想要多靠近海就可以多靠近海，讓人們與大海彼此沒有太多的負擔。我實在太欣賞他們對於生活的態度與對於大海的態度，是一種互相體貼，也交互融合生活在一起，走在赫瓦爾的海岸邊，心中能量莫名完全開放，擁有的是——對海的安全感，「享受海洋」就是這裡的語言。

相對於現代城市的繁華感與精緻感，我喜歡靠近多一點自然環境，這樣的環境下太自在了，跟著直覺走找尋一間店，停下來坐在岸邊吃美食，欣賞來往的行人，細看店家的佈置，觀察店主和客人的互動，四處看一看什麼樣細節會引起我的興趣。而來到這當然要品嘗新鮮海鮮呀，先點上不同小食搭配一杯飲品可以滿足一下胃，生火腿是我很難抵抗的食材，擁有半透明性感的大理石紋路充滿著誘惑，口感紮實又柔嫩的肉質，濃厚脂香中鹹香甘美帶些堅果味，再搭配了沙拉與甜瓜……請別跟我搶，我一個人可以吃光光！至於生蠔，也請給我一盤吧，它是充滿海洋鮮味的極品，入口後冰涼滑順的口感，張嘴一咬下去肉質肥美結實，再加入些許檸檬之後，清新的海味盈滿在嘴中，我對這款美味深深著迷。

再來要告訴各位，「款待自己」是我的強項，每一次，當我沉靜在幸福中的時候心裡有無數對自己的感激，感激自己說走就走，感激自己喜歡冒險，感激自己短暫

放下生活中

無法放下的執著

讓我現在可以在這裡享受美食、海景、夕陽，而這三份禮物，是缺一不可的幸福。

那一顆蛋的溫暖

大概是受到地中海風情和中歐特質的影響，杜布羅尼克（Dubrovnik）的料理有種特別的氣質，奔放之餘帶上了講究，一路吃吃喝喝一路觀察，這裡是一個充滿烹飪樂趣的城市，很可以在這學習一道傳統的克羅埃西亞式菜餚：炭燒蔬菜烤肉Peka。

在我的記憶中，大夥到達農莊就超級興奮，才剛到入口的小院子就喝上一杯農莊自釀的酒，水果釀造自然發酵出的氣泡在嘴裡微微跳動，接著散發的水果香氣與微酸滋味感覺太適合炎熱夏天了，嘴上說只喝一杯，我們卻不急不徐一杯接一杯地喝個沒完，這樣的儀式感太滿分，終於在我們稍微冷靜下來後，充滿紳士氣質的農莊主人才緩緩地解說稍後大家料理食材的順序。

就這樣我們要分成牛舍組、菜園組跟廚房料理組，才剛冷靜下來的熱烈心情又再次被激起，每一個人都很想參與每個組別啊！還來不及整理心情，一台車停在我們面前將牛舍組載走，就這樣我跟著菜園組與廚房料理組一起學習，大多數的時間，我都在觀察當地人怎樣過生活。

沒有農藥、自給自足的菜園，隨手一摘採就可以吃到的香草和蔬果，全家人一心在為這個地方細心打理。放眼望去的一切都舒服極了，在豔陽下走在土地上卻覺得涼爽；撲鼻而來是草地的清香以及四處可見的迷迭香、羅勒等香草氣味；不同區塊種植各式各樣的蔬菜，樹上也結滿了果實，散發出香甜味；進入一間小木屋就拾得母雞生的雞蛋，然後小心翼翼地將新鮮雞蛋放進籐編籃子……我們就這樣沿路收集好所有所需的食材。此時，我仍覺得自己置身在童話故事中一般，在這湛藍天空下，觸目所及夢幻得很不真實，然而從產地到餐桌，這一家人天天過著這樣的生活。

教我們烹飪 Peka 的是這座莊園的靈魂人物，也就是莊園主人的媽媽，我們跟著莊園主人一起叫她「媽媽」，因為老媽媽真是太可愛了，也許是不曾看過這麼多亞洲人，也許是我們一行人真的可愛，她把我們都當成了她的小孩般在細心照顧。

掌管料理組老媽媽，第一步就讓我們「先為自己倒杯咖啡」。我喜歡這個步

CASA

home
relax
séjour
CASA

relax
CASA

驟，雖然倒一杯咖啡看起來是很平常的舉動，根本沒什麼大不了，我卻很有感覺。我們在日常生活中做料理時，常常急急忙忙、弄得狼狽不堪；我們上市場買菜總是大包、小包拎了滿手還捨不得坐上計程車；回到廚房又是炒鍋、又是湯鍋熱得要命卻捨不得開冷氣；不自覺地把自己變成煮飯婆煮一日三餐卻捨不得去按摩！哎，這可不行，沒有好的能量怎麼可能料理出好能量的料理呢！「為自己」倒杯咖啡，是對自己的一種體貼。

來到 Peka 的魅力了，它最重要的是原汁原味的湯汁精華。將新鮮的本地肉加上章魚、蔬菜等食材放入鐵鍋中，蓋上特殊厚鐵形狀的鍋蓋，鍋蓋上裝滿火紅的炭火經過高溫悶烤，就可以吃到各種原味的食材融和而成的美味料理了。在老媽媽的指導下，我們有條不紊地在廚房中學著削馬鈴薯，練習用火腿機切生火腿，辨認在地香料，學會如何綑綁食材，如何將香料放入食材中，最後我們採收的蔬果幾乎全都派上用場了——除了那一籃雞蛋。

我問老媽媽，為何唯獨那一籃新鮮蛋還原封不動地放在原位？老媽媽說，那一籃雞蛋為得是要讓我們做親手撿拾新鮮雞蛋的體驗，雞蛋在這一次的 Peka 料理不會用上。我一聽大失所望，對於一個超級愛吃蛋的我當下不能接受，我心裡想著可以沒有 Peka，但我想吃一顆新鮮的荷包蛋。於是我就用滿懷期待的眼神，以及撒嬌的口吻問了老媽媽，「但是很想吃顆新鮮的蛋耶」，沒想到老媽媽二話不說就展示了她熟悉的煎蛋模式，煎出了一顆蛋黃和蛋白分明的美麗荷包蛋。我接著又說：「媽媽教我，我也想要學妳煎出這麼漂亮的蛋。」之後的每一分鐘，我們就在一起快樂的煎蛋。

老媽媽的做法不像法式炒蛋將蛋混合的均勻，她在敲開蛋的同時右手開啟大火，將一個稍微厚實的平底鍋預熱，把三顆雞蛋敲開在盤子上並撒上鹽，確認鍋裡的溫度足夠後，讓雞蛋滑入鍋子裡；她說先把蛋放在盤子裡會讓三顆蛋的溫度剛剛好；然後加入一點點水，再蓋上鍋蓋讓水氣在鍋裡循環，這樣蛋的表面會濕潤與底部微微香脆的口感可以相互搭配；至於鍋蓋要何時打開？就看自己喜歡蛋黃的熟度來決定。此時我們每一個人在練習煎蛋，老媽媽在一旁也被大家的幽默與撒嬌逗得合不攏嘴。事實上現在要問我Peka學得如何，我還真的忘了，那一天在廚房裡，我們倒是認真地對每天都可以做的煎蛋下了一番工夫呢！日後在煎蛋時常常就會回憶起那一日的歡樂，以及老媽媽很有生活感的笑容。

關於那火侯的控制，對鍋子溫度拿捏，以及蛋的口感……說真的在我這幾年練習下，煎蛋的技術有點厲害喔。

愛吃麵

料理會帶著你往喜歡的方向走去

讓自己走入當地的廚房是我在旅行時喜歡的一種模式和習慣，這個習慣不是一種非得要去做的限制，只有吸引到我的料理廚房我才會去上，一切都以「自己喜歡」為前提。只要有了吸引我的料理課，其他景點都可以捨棄來配合這個行程，因為學習到的料理往往在生活中會帶給我很大的發酵。

我深深著迷於《托斯卡尼豔陽下》拍攝的義大利南區，那裡有別於都市的美感，一種更靠近自在的生活，當下的我完全被電影裡托斯卡尼的景色所吸引，直覺讓我知道，托斯卡尼的食物和生活調性會是我喜歡的，於是我跟自己說：來去南義鄉下學做手工義大利麵吧。

接近傍晚時分在漸漸變暗的天空下，我們提著行李走在唯一的小徑上，沿著小徑兩旁長滿罌粟花，在山丘上的絲柏和牧草是遠方的背景，看似平易近人的風景美得打破黃昏的寧靜。這處莊園是一棟三層樓的老建築，石頭牆混合幾世紀來翻新修補的痕跡，斑駁的牆面與植物共生，支撐房子的樑柱不是鋼筋水泥而是老木頭，乍看就像是一棵棵樹把房子支撐起來的樹屋。進入室內，寬敞的一樓正中央有一個火爐，沙發上準備了毛毯，地上鋪了地毯，周圍放著不同小椅子，燈光柔和地在各角落溫暖地亮著，感覺這個地方到了晚上大家會圍坐在一起談心。

從莊園裡的廚房到每一間房間所用的木材都散發出木質的清香，樓梯的扶手都也佈滿歲月的痕跡，踩在樓梯上每一步都發出喀吱的聲音，再恍惚一點會以為自己置身在《哈利波特》的場景中，有一種不知道我現在究竟是在哪裡的時空錯亂感。每一間房間都有特色，我覺得很有意思的是那些花花綠綠的，濃濃鄉村風味的床單、枕套、沙發椅們在我眼中卻很協調，極度有美感。我們一群人爬上爬下地到處參觀，連連發出驚嘆的尖叫聲；晚上就在滿天星星的夜空下喝酒聊天，感覺好像時空倒轉回到小學畢業旅行一樣，好簡單的快樂。

第二天開始做料理，刻意早起想逛一逛莊園的每個角落，說真的到處都很讓人流連忘返啊；後院有數張大小不一的厚實木桌，亞麻白的落地窗簾偶爾隨著風輕飄，鋪著藍色格子布的桌上擺滿大大小小的南瓜，不論室內或戶外，每一處都像拍

攝電影的場景，不同的是這些場景是當地人真實的日常生活。再走進空間不大卻井然有序的廚房，可以觀察到他們很善用頭頂以上的空間，各種功能性的竹籃與鍋具都一一掛在廚房的半空中，光是這樣也成了一道風景；木櫃裡放置的是不同材質的器皿，高高低低，大小不一，以大、中、小尺寸疊成三落，最外面是最常使用到的，最裡面則是特殊場合使用的；那些油鹽醬醋、瓶瓶罐罐就放在伸手拿得到的位置。還有，在不起眼小角落擺放了數盆小小綠色植物，也讓不經意發現到它們美好的存在。

我們在這裡學習手作義大利麵條、烤雞、一些鄉村菜餚以及甜點提拉米蘇。這裡的風格是「隨興的教學」，料理的單位就是「一個感覺」，把理性思維暫時放一邊，多少的麵粉配多少水，只有一個大方向；食材和香料等等的比例也是相對有彈性的，學習隨興的做菜風格。老師說：「你必須啟動你的感覺，跟食材連結去感覺它們，那是一種直覺，跟著直覺料理，跟著直覺生活。」記得那個當下的我，內心因為這句話深深被觸動，比起跟著書上說的學做料理，我在這個廚房空間裡得到更多滿足感。

「料理會帶著你往喜歡的方向去，跟著直覺、沒有限制就會穿越那道無形的牆」這一句話像一份禮物似地出現在我心裡，我體會到「感覺」是連結我們靈魂與萬物的一道橋——生活也是，做菜也是。

有沒有白繳學費自己做幾次就會知道，回到家裡備齊材料就照著筆記按步驟一步一步去做，幾次下來就成功解鎖了手工義大利麵。現在隨手可以做出自己喜歡的口感，還可以跟著季節去調整，天氣太冷時要粗厚一點的口感，天氣熱了就要細薄一點的清爽口感，用「感覺」調整麵的寬度與厚度。我特別偏好寬扁麵口感，稍微厚的麵條適合搭配濃稠的白醬，一口吸入麵條時可以沾附更多醬汁、吃起來更入味，如果煮得恰到好處的話會很彈牙喔；細扁麵就很適合清清爽爽的清炒或加入紅醬。

剛做好的麵條特別好吃，用熱水煮至五分熟以後關火，再起另一鍋倒入橄欖油煎香一些蒜頭，加入薄薄的炸櫛瓜、新鮮的香菇和煙燻培根，然後倒入細扁麵在鍋裡炒勻，關火前放入起士和巴西里葉攪拌到有乳稠感，最後撒上鹽和黑胡椒後關火，美美地裝盤再呼呼地吃一口，每一條麵條都沾滿了橄欖油散發新鮮的香氣，讓人一口接一口地停不下來，我啊，五分鐘就能吃完一盤。

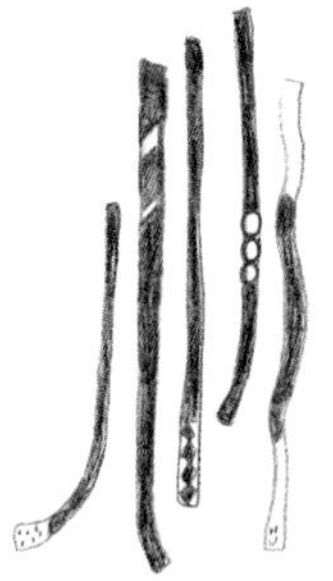

把喜歡的事情學起來放在生活裡吧！因為真正實踐了自己喜愛的方式後，生活中很多時刻都會是很享受的，在托斯卡尼旅行後我也佈置了家裡的廚房，整理了院子，把在托斯卡尼的美好放進家裡。吃麵只是日常而已，我喜歡這樣簡單的滿足感，每一次當需要用到感覺的時候，心裡總是會心一笑，想到老師說的「用你的手抓一把，用你的手感覺一下要加多少？」這些感覺與直覺彷彿一下子就壯大了我，讓我更願意嘗試，讓我更願意冒險，看起來這一趟旅行不僅是滿足我的胃，好像還領悟了生活的智慧，真好啊。

放心了，在這裡笨還是會有人愛

這是一間位在奧地利的餐廳，有著藍白色牆面及黑色屋瓦醒目而優雅地座落在一棵大樹下，抵達餐廳時只見兩位主人已經佇立在門口迎接，乾爽的風正調戲茂密的樹葉沙沙地響著。男主人上身穿著白色廚師襯衣，下半身繫著亞麻圍裙，右邊腰上俐落地掛著擦手布；女主人盤著一頭蓬鬆長髮，白色短襯衫加上黑色緊身馬甲襯托出腰身，黑色裙子外繫的是紅色印花圍裙是奧地利傳統的服裝，對比的顏色很美，布料上的圖案也很細緻。

走在光亮的木頭地板上進入餐廳，空氣中一股淡淡的花香撲鼻，餐廳四周許多木質櫃裡頭擺放了各式各樣的杯子，原木桌上放著三個長方形的料理盤，一看就知道，這就是我們要捲起袖子學習的空間了。就這樣在一旁的年輕助理們還在打理的忙碌身影下，主廚老師熟稔地拿起豬肉開始示範解說，這一天我們要學習的是維也納炸豬排。

奧地利的炸豬排習慣用肉錘或是刀背拍鬆豬排直至約一公分厚，只要準備好五樣食材：猪里肌肉、麵粉、雞蛋、麵包屑和調味料就可以了，是不是感覺很簡單。我們首先將猪里肌肉打薄，上下兩面塗抹適量鹽和胡椒粉並且按摩豬肉，大約二十分鐘入味，就進入第一道工序將兩面均勻地沾滿麵粉；打薄的猪里肌肉本身帶著些微汁液，很容易沾滿麵粉。輕輕抖動後再做第二道工序是沾上蛋液，主廚說，使用土雞蛋可以增加香氣，因為土雞蛋的脂肪含量比較高，所以蛋黃也較大，微量元素相對的也多，大地給予的氣味會自然散發在食材裡，雖然成本較高，但這是要給客人吃的所以要捨得。雖然只是成本多了一點，但我覺得他的心態很大氣！

最後一道工序就是放在麵包屑堆上稍微按壓，然後放進油鍋裡將兩面炸到金黃色就大致完成。若要講究一點，可以再放進烤箱約十五分鐘，讓烤箱的熱度鎖住內部肉汁，這時外皮表面會產生酥脆的皺褶更可以添加口感。

完成後就是擺盤了，可以隨自己的喜好加入生菜和切一小塊檸檬在旁邊，擠上幾滴檸檬再享用風味更好。維也納炸豬排跟台灣的炸物有不太一樣的口感，吃起來比較薄脆卻一點也不乾柴，我喜歡在剛起鍋的黃金時刻一口接一口吃。

在學習料理的過程，偷偷地觀察老師，這一位奧地利的烹飪老師，他的眼神柔和，每一句話都能夠充分地說服我，他說話的語氣就像在跟朋友聊天一樣，跟學生們互動一點姿態也沒有。他對待食材很尊重，料理的過程不隨便浪費，從食材的清洗到備料，每一個環節都展現出專業廚房的高水平……有了這些觀察，我覺得這裡的東西一定很好吃，因為這裡的靈魂人物很願意分享，我喜歡跟這樣的人學習啊！這就是所謂的心法！在當下我內心戲很多啊（笑）。在這裡除了親自教學和一對一練習，一旁還有好幾位專業廚師細心地協助，每一位都有著自信且溫和的目光，讓作為學生的我覺得「哎呀，放心了，在這裡笨還是會有人愛的」。

從高處往下看可以支持到我

悠悠哉哉地、順從著身體的感覺起床是我旅行的方式，我向來不支持在旅行中早起，既然是旅行，就要不趕行程睡到自然醒，慢慢醒來才可以放鬆，就是要區分旅行與工作不同的步調。但這一天的旅行「拚早起」卻是我非常重要的選擇，為得是清晨五點出發，往乘坐熱氣球的路上前進。我想「拚」的是看見這個地方不同視野的美，也擴大我的心胸看待萬物的視野。

喜歡從高處俯視不同的風景，總覺得當眼睛跳開地平線後，有一種沒有侷限的視界，比起書本裡寫的「要放下、心胸寬大」等字眼來的容易、快很多，「從高處往下看」總是可以支持到我。

就這樣照著計畫，在托斯卡尼，我奇蹟地在清晨抵達熱氣球乘坐現場，工作人員已經將熱氣球安置在草原上，我第一次看到熱氣球，比我想像中的大好多，我帶著緊張又興奮的心情奔跑到熱氣球前才發現，熱氣球的籃子也太巨大了，有一種童話故事般的不真實感，使盡力氣跳進籃子裡終於把自己裝進了籃子後，看著工作人員用加熱器點燃火焰，給球囊中的空氣升溫，熱空氣讓氣球慢慢升起直到垂直於吊籃，熱氣球就能立起來起飛了。

在熱氣球上翱翔天空看盡了丘陵、莊園與鄉村風光，到處都散布橄欖樹、葡萄園、劍松為大地上了些不同顏色，還有綠的、橘紅的瓦片屋頂；蜿蜒小路與起起伏伏晨霧覆蓋山丘，陽光從雲縫中落下。

臉哪 被風吹著

皮膚呢，被剛好柔軟的太陽喚醒，這是我還沒有見識過的美，這麼浩大的早餐前儀式在生命中算是數一數二的。熱氣球一降落，迎接我們的是特別準備的一場戶外香檳早餐，嘉許每一位旅人這一天的早起。這一餐我要了簡單一些的食材，畢竟午餐和晚餐都可以吃得很豐盛，這一頓早餐多一些我想要的當地生活質感。就在托斯卡尼橘紅色屋瓦的房子外，老房子用石頭堆疊而成的牆吸引著不同蕨類與植物形成了生態牆，房子四周就像是植物的快樂天堂，在這樣的背景下，用棉麻布巾鋪上長條

餐桌，主人家隨手摘來數叢的小花隨意地插在透明玻璃瓶裡，水果盤裡有草莓、櫻桃、李子三種不同的紅色，大小不同的形狀搭配在一起，再撒上幾片葉子，就很有清新的美感呀，還沒看完其他的菜色抓起一顆草莓一口咬下去，甜度與香氣直接往身體發送養分，木盤上烤得熱熱的手作麵包，薄薄酥脆外皮撒上一顆一顆的砂糖增添口感，麵包裡頭的葡萄乾是自製的，柔軟又濕潤地勾住了麵粉香，光是吃麵包就足夠幸福了，一旁醃漬小物搭配沙拉也是順口的不得了。

另一張桌上放著咖啡、茶、果汁、起司和手工野生藍莓紅醋栗果醬，藍莓加上紅醋栗在台灣比較少見，去到國外我會特別尋找這款果醬，藍莓跟紅醋栗都帶酸，但紅醋栗又有一絲獨特的酸甜，將它放入果醬中有豐富的果膠是最天然的凝固劑，再搭配小餅乾或是加入無糖優格中，都是早餐的好成員。在托斯卡尼鄉下這些簡單的食材大多都是在地人自己手作而成的，吃進嘴裡每一口都成了我的最愛，怎麼搭都相配，最後倒一杯茶隨性地在綠陰下坐著品嘗，充滿生活質感的旅程我真的太愛了。

所以，來舉杯吧！氣泡細緻的香檳用作慶祝在清晨時的我們，身體隨著熱氣球緩緩升起離開了地面，但願那些儲存在心裡的糾結，彷彿沒有拿到熱氣球門票似的無法一同升空，默默地留在了地面上，讓意識與身體自動把那些需要轉換的情緒毫不留情的刪除，敬——「享受生活」。

第二章
從沖繩來的島嶼餐桌

吸收海的能量

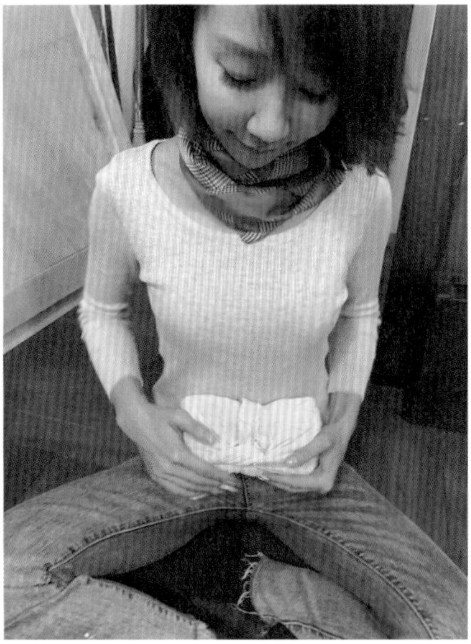

我生了一個味噌寶寶

認識典子那年的冬天又濕又冷，整個人只想發懶，卻因為遇到了溫暖的她什麼事都變成值得期待。宜蘭的月光莊是一群可愛的沖繩朋友自己打造起來的民宿，一切都DIY，自己做木窗、木門改造成日式的格局，一樓的客廳和廚房是共用，二、三樓分別是背包客住宿的房間。

那天我在民宿參加的是學習製作味噌的課程，原本擔心自己日文不好，會聽不懂上課的內容，沒想到當我推開月光莊的門看見迎面而來的典子，那時我所有的擔心的事一下子都消失了。脫下鞋子跟大家一起盤腿坐在架高的木頭地板上，典子拿起竹編的蒸籠與橘紅色棉布說明接下來進行的流程以及會使用到的工具。首先將米蒸透，等待蒸透的時間我們了解味噌與製作米麴的相關常識，一邊聽一邊喝著熱茶，

一邊看著廚房在冒著白色蒸氣

在這小小空間有一種奇妙的氛圍像是過年一般的節日感。

典子展開很大一塊橘色棉布，將蒸熟後的米放進入棉布的中央，布的四邊要有四個人各拿一邊，這個步驟可以讓米慢慢變涼一點，在場的男生一看馬上就站起來主動接下這個任務，女生就坐在一旁負責出一張嘴（笑），同時間典子開始準備牛皮紙袋與磅秤等待米完全涼了就可以放入。不一會兒，我們的手上都拿著典子親手做好，捲成圓筒形狀的牛皮紙袋，蒸好的米與米麴已經完美混合在裡頭。在牛皮紙外要包上一層布巾，重頭戲來嘍，我們要開始孵這個味噌寶寶，將它綁在我們的小腹上，因為身體這裡的位置熱度最適合，接下來的幾天內不論洗澡、睡覺、上班、買菜都不能拿下來喔，對！我就為了味噌懷孕啦。

是真的！每天都要跟味噌寶寶講話，付出短短幾天的耐心跟愛不成問題，滿懷期待孵完後還要將寶寶帶去給典子檢查，看看味噌寶寶合不合格，適不適合做成味噌，聽到典子說我的味噌寶寶很健康、符合味噌標準，我才終於鬆了一口氣，接著就開心地選好放味噌的器皿將味噌放入，最後一個步驟是用乾淨的石頭壓住味噌再蓋上瓶蓋，等待一年後就可以食用。

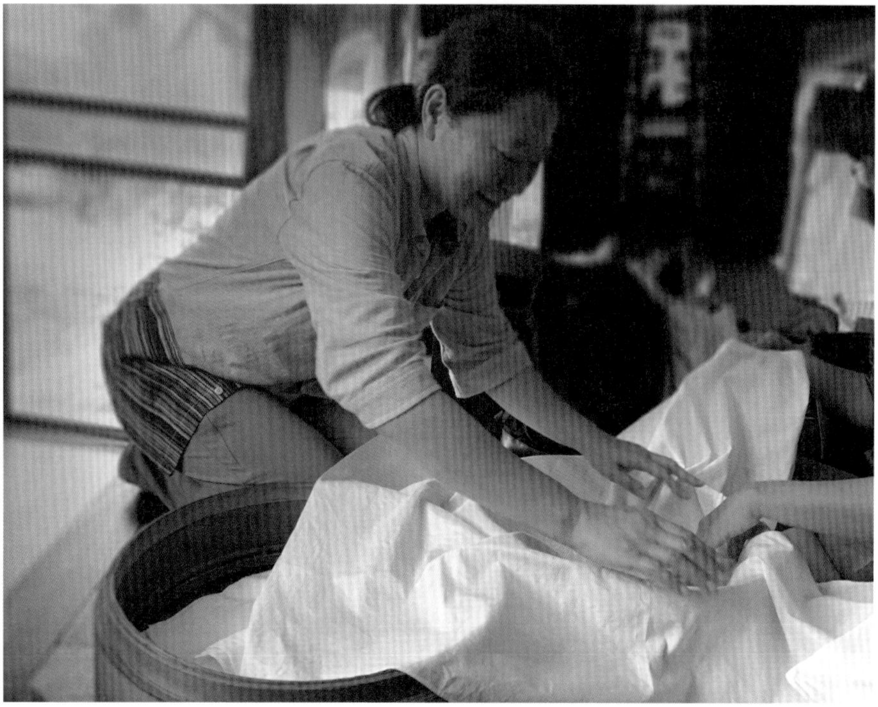

把這次的味噌分裝成兩個容器，取了兩個名字，希望可以擁有不同的能量，一個是海味噌另一個浪味噌，合在一起就是「海浪」，據說人類的呼吸頻率和海浪頻率差很接近，一分鐘約十八次，海浪聲波頻率大約是十二赫茲，接近平靜的腦波，所以我們在海邊聽海浪的聲音會特別舒服，雖然只是幫味噌取個名字，我也希望當我們吃到「海浪」味噌時，心裡可以感受到自在與平靜，把海味噌放在海那邊的店裡，

吸收海的能量

把浪味噌放在和平島公園裡，聽浪的頻率。

我相信萬物擁有我們看不見的智慧，他們會自己連結自己交朋友，製作這些未來才可以吃到的食物最有趣的是「等待」，常常經過的時候看一下它們，像是有個寄託可以先儲存在未來美好，有個空間可以儲存心裡的期待。但是我要偷偷跟你們說，直到現在，我還不敢把味噌打開，因為我害怕裡頭發霉或是壞掉，就這樣放著不打開它當作留下一個未來，這樣的浪漫你們說好不好。

小記：月光莊民宿因為二〇二一的疫情結束了民宿經營，但典子拿到了台灣居留證，也在宜蘭經營一個屬於她自己的食堂民宿「典子的台所」宜蘭縣深溝村惠民路 267 巷 36 號。

鯖魚煮物

喜歡看《深夜食堂》那是一部可以邊看邊合理享受美食的日劇，我更喜歡的是先知道當日要看的那一集吃些什麼，然後事先準備好那一道料理，邊看邊跟著劇情吃一樣的食物，那是一種故意創造的共振，也會讓心情無敵愉悅起來。

劇中的料理吸引我的地方在所有食材很生活化，每一道美食滋味都很溫暖像餘韻一樣可以持續好一陣子，每次去到日本，就要花一些時間在鄉下或在住宅區的小巷弄尋找一樣的小店，覺得很值得，感覺很像喝到經過時間淬煉的陳年梅酒，每一口都好獨一無二。

喜歡坐在U型吧台上，看老闆烹煮食材同時，也可以看到所有的客人，觀察著U型吧台內部的碗盤、收納和老闆跟客人的互動，根本就是一場秀。

有一天跟典子在線上聊起來，跟她說了我不敢打開看自己做的味噌，她一聽就力邀我鼓起勇氣打開看看裡面的狀況，並且要我拍照片給她。隔天我拿起味噌罐子深吸了一口氣小心翼翼地開封，沒想到結果出乎我意料地非常成功，馬上拍了一張照片給典子看，典子說：「是美麗的味噌」，她簡直不敢相信放了三年的味噌沒有發霉，她說一定是我放的環境太好了，叫我立馬拿它做些料理來試試味道。聽她這樣說，我內心也躍躍欲試地，但因為實在太珍貴了，就認真地想了很久要用什麼食材做，此時腦中就浮現了在日本的京都食堂吃過的「鯖魚味噌煮」的美好記憶。正好，那就是它了！

浪
味噌
2018.12.1
2019.5

醬料

味噌：1大匙
清水：150cc
清酒：25cc
味醂：50cc
醬油：1大匙
白芝麻：少許

食材

去刺鯖魚：1片
薑：15g
（一半切片，一半切成薑絲）

作法／

1. 把鯖魚切成你理想中的尺寸，沸騰滾水川燙約十秒，立刻用冷水冷卻，主要是把鯖魚的雜質和腥味沖掉，冷卻後用餐巾紙將多餘水分去除。
2. 在擦乾的鯖魚片魚皮那一面用刀劃上叉刀花，這個動作也可避免魚皮表面經過受熱的拉扯導致破裂，同時也可以讓味道更容易滲入。
3. 接著把全部的醬料與薑片放入平底鍋，同時放入鯖魚片，煮滾後，轉小火。
4. 味噌先用鍋裡熱湯汁調開成均勻液狀加入鍋中。
5. 用烘焙紙摺成對折再對折約四次，成不等腰三角形，測量一下鍋子半徑剪下多餘的部分，在三角形最尖端剪下一小塊，就可以讓醬汁在滾煮的過程中流動到鯖魚的表面，也會讓整體的味道更濃郁，小火維持滾煮十分鐘，小心地將鯖魚從湯汁裡取出，讓剩下的湯汁收到濃稠狀後，再一次把鯖魚放入鍋裡，用湯匙將濃稠的湯汁均勻淋在鯖魚上就完成嘍。

筆記：在煮鯖魚煮物的過程，我時不時地會嘗嘗海味噌的味道，從味噌罐子裡取出後，先嘗一口最原始的味道，不是死鹹的那種味噌，味道多些甘甜，之後用魚的湯汁舀了兩大匙混了味噌後，哈，又變身成另一種味道，多了鮮甜而且是不膩的那種甜度，完成鯖魚煮物放到冰箱後隔天，最適合夏天直接吃，魚肉冰冰的卻吸飽了味噌飽滿的精華，小火溫熱後撒上細蔥花也會好吃。我覺得這道料理冰過後再加熱，更美味耶。

就是愛飯糰

那一年在東京開課，偏偏住宿附近的咖啡館與麵包店都還沒有開店，怕上課遲到、又不願意隨便吃早餐的我在巷子裡繞了又繞，找了再找，就在快要放棄時，看到一間矮屋子裡亮著日光燈，白色的光線反射在擦得很明亮的玻璃櫃上，那光暈像是在跟我大聲說，來這裡吃早餐！

我飛奔到小店門口已經聞到香氣。沒有過多的裝潢，是很傳統的家庭式飯糰專賣店，店裡有兩位看起來約莫六十幾歲的媽媽，穿著白色的乾淨圍裙，頭髮用布巾綁得很有精神，臉上掛滿微笑地一一招呼，看起來都是一些熟客，像是要出門上班的、上學前來帶個飯糰走的，兩位飯糰媽媽可以喊出每位客人的名字。玻璃櫃中約有六種飯糰的口味，完全沒讓我失望，每

一個看起來都超級新鮮可口，我選了雞塊與梅子兩種口味安心地放進包包，再加點一碗味噌湯，然後就面帶滿足的笑容離去，雖然我還沒享用早餐，心已經被滿足了。後來的幾天，天天能夠開心早起的最大原因，就是可以吃到巷子口日本媽媽手作的飯糰了。

疫情這段時間正好是台灣的夏季，有天起床決定要把我愛吃的日式飯糰放到海那邊的疫情菜單裡，我想著可以用海膽，也可以用明太子，還有鮭魚、紫蘇梅、炸雞塊……哇，光想到的畫面就讓已經躺上床的我興奮得睡不著覺了。

讓自己快樂的方式有很多，

沒有時間限制的吃到自己喜歡的食物

就是最浪漫的事

如果你也愛吃日式飯糰，這項讓人吃了會開心不已的小品就要學會，選一個自己睡飽飽的日子，到超市找些喜歡的食材，回到家放上喜歡的音樂，事實上飯糰的備料很簡單不複雜，所以再為自己倒一杯酒吧。

「米」是做飯糰的主角，所以必須先找到合適的米，水分較多的新米，黏性稍微高一些的米，選到了好的米就算放涼了口感依舊很好。剛煮好的米飯要均勻拌

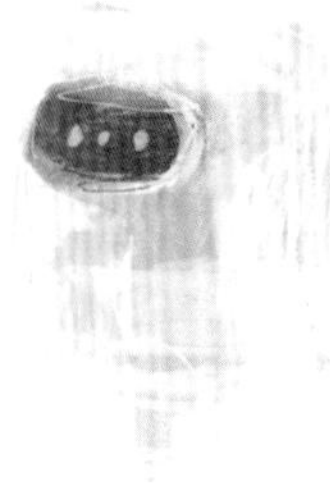

涼釋放飯裡的水蒸氣，熱度與濕度適中最適合。然後將雙手沾濕，在食指上沾一點鹽巴均勻地抹在手掌心，取適量的米飯放在左手微微壓平，再將準備好的食材放進米飯的中央，把米飯往中央集中成圓形，這時右手加入往上蓋住飯糰，兩手同時擠壓將空氣擠出，左手九十度直角曲起彎成山狀，將飯糰數次翻轉慢慢壓出三個角，就會出現三角形狀，最後微微烤一下海苔表面再包覆在飯糰上，就可以享受一個簡單又美味的時光。

這一次我為自己做了一個紫蘇梅飯糰，用阿里山的生薑切成薄片烤得脆脆的再捏碎，自己釀造曬乾的紫蘇梅做成紫蘇梅泥；我喜歡生薑烤脆的口感配上紫蘇梅，梅子泥的柔軟與碎薑片的酥脆生成兩種細節層次，而鹹鹹的梅子和微辣的薑片在一起的味道剛剛好溫柔；然後到院子摘幾片新鮮紫蘇葉切細，

最後加上一朵醃製櫻花
就變成了一首我喜歡的詩

這就是生活呀，如果連吃這件事都過不好，就不要怪自己沒人愛，怪別人不浪漫。反過來，如果可以經營生活把小事變得可愛有趣，那連遠在千里之外的人也都會被你吸引過來。

生活除了吃就是睡，
所以吃飯跟睡覺都很重要

學一道午餐

不愛跟觀光客湊熱鬧的我，特別選在寒冷的冬天抵達京都，冷冷的空氣中透出一股寧靜與清幽，雖然略顯冷清，但我內心可是興奮得很，千年歷史的街區人潮稀少，走在大正初期鋪設的石板路，巷弄兩側都是古京都風格的木造建築，這樣的氛圍是學料理的最好時機。

教室是一間超過八十年屋齡的木造老屋，低調沒有招牌，來回在巷子裡走了好幾次正要開始懷疑人生時，幸好隔壁的老婆婆看到我，比著煮菜的手勢，指

引我料理教室的方向，才發現原來它就在我的正前方，我將木門往右手邊橫拉開後確定正是上課的地點。才一進入就聞到滿室茶香，玄關處儀式般布置成小客廳的樣子，一旁有熱茶提供給我們自行取用，放鬆地喝了一杯，心安定了很多；走到廚房，老師已經專業地擺好了上課要用的材料、食譜和圍裙，一切都充滿儀式感。

籐盤上放了要做日式高湯的食材，有長條柴枝形狀的硬魚乾、乾燥香菇、海帶，而長得像枯木、又硬又乾的食材是柴魚乾的原型，要用特製的刀刨成薄片。首先，我們要學習的是最基本的日式高湯，一旦搞定高湯就可以運用在千千萬萬個日式食材上做變化，但是當老師提醒說：「高湯不能太美味」這一句話震驚了我，事實上高湯的作用是為所有食材取得一個平衡，引介不同的角色入鍋，如果高湯太高調的話，配角會變成主角搶了食材的原味，這個觀念太讓我受用了，領悟了這一點又印證了我的堅持，有些事情得跟老師學習，在書上是學不到的呀。

製作高湯其實很簡單，先將乾的昆布表面擦乾淨後泡在水中一晚，再用四十度左右的水中煮上十至二十分鐘，在尚未滾燙之前撈起，昆布不要一直留在滾水裡面，它會出雜汁與黏液；此時加入刨好的大量柴魚片以七十度左右的中溫煮一分鐘，沸騰後撈起表面的泡泡，再將高湯過濾出來就完工了。在課程中不論是做味噌湯或玉子燒，只要加入日式高湯，會了這一項基本功，料理就已經有一半程度的美味了。

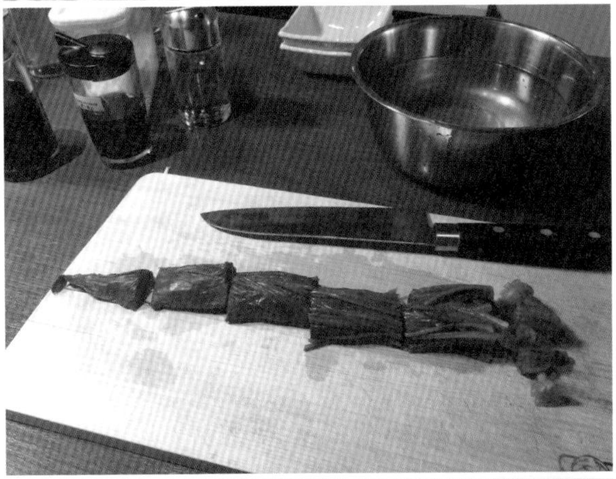

我忍不住用筷子夾起如蘋果肌般飽滿、又有著鵝黃色外衣的玉子燒，有一種要爆汁的視覺刺激感，加入高湯一起吃更是滑順，每一口都帶著昆布與鰹魚的氣味，這是我吃過最好吃的玉子燒了。雖然玉子燒在日本是平民料理，每個家庭幾乎都會做，它牽動大人和小孩的胃，每家煮出來的味道都不盡相同，有些偏濕潤鬆軟、有些扎實，有的是厚蛋燒，有的是淡淡鹽味的鹹煎蛋，也有加入砂糖的甜煎蛋……。我這次學的是偏向濕潤口感的鹹煎蛋，使用的調味很簡單：有柴魚醬油、味醂、清酒、日式高湯再加上一些小技巧；來嘍，請畫重點：攪拌過後的蛋液要用濾網過濾，濾過的蛋液質地會更綿密蓬鬆。

開始製作時先預熱四角形的玉子燒煎鍋薄薄地抹上一層沙拉油，先用筷子沾上一點蛋液，如果發出滋滋聲，就可以倒入鍋子面積的蛋液，輕輕移動煎鍋讓蛋液均勻流到各個角落，同時保持中小火；當蛋液表面有起泡時，用筷子戳破並搖晃煎鍋，讓半熟的蛋液填補，煎到半熟後，從離自己比較遠的地方往內折二至三公分，把蛋一層一層捲起來，完成第一層的蛋稍微有了厚度，讓蛋滑到煎鍋的另一邊，再薄薄地抹上一層沙拉油，倒入剩下的蛋汁，用筷子抬起已經煎好的蛋，讓蛋汁流入下方，繼續同樣的步驟；卷好後在底部壓一下，這樣的玉子燒才能呈現美美的四角形喔，最後呈起來，一塊塊切好擺盤就能吃啦。除此之外，玉子燒配上柚子醋或配上淡醬油和白蘿蔔泥也很美味喔。

這一次學了好幾道日式菜色都非常實用；有炸蝦的祕訣——油炸要怎麼樣做才會好吃；簡單的味噌涼拌菠菜也討喜——將冰鎮後的菠菜加入味噌與芝麻、味醂、醬油等去調味特別的合拍；就算在寒冷的冬天，有了味噌的調和也覺得舒服溫暖。

日式料理大多都沒有太多的調味，但每一道卻都很好吃，整日下來不外乎都使用那幾樣調料像是醬油、味噌、醋、味醂、清酒，由它們帶出食材的天然鮮甜，

有代代相傳上萬累積下來的智慧

每一步表面上看很簡單，若沒有特別強調、提醒一下就會忽略過去，其實每一步都馬虎不得。

學家常菜有個好處就是，想吃的時候食材輕易可得，宵夜嘴饞時也可以很快地變化出幾道下酒菜，有時工作到深夜時分也不會因此就被限制了，簡單的胡麻沙拉，一盤照燒雞，一碗味噌湯就能把心安頓好好地過日子。

愛的形狀

在京都吃早餐也可以有後遺症，讓我念念不忘了兩年，那份美味刻在我心裡，因為遇上疫情只能想念跟懷念著，對此可以一解相思之苦的方式就是，找到相似的味道或是靠自己！

那日早餐的盤子裡有一塊切半的鹹奶油厚片，稍微烤過的厚片質地外酥脆內柔軟，隨時都會在嘴中融化，一旁的日式香腸煎得外脆內彈，金黃滑嫩的炒蛋，還有、還有我最期待的日式馬鈴薯泥，這些美味都擺在潔白的瓷盤上，配上一杯京都風味的黑咖啡，

那種滿足感已經完美到可以直接天黑了。

看當地人靜靜地吃早餐，悠閒地看報紙，靜靜地喝著咖啡，用這樣的方式開啟一天，環看四周沒什麼裝潢，店內工作人員看起來都是年過半百的職人，很

榮幸自己可以吃到他們味自慢的早餐，我們一邊吃一邊討論台式與日式馬鈴薯泥的不同地方，發現最明顯的就是日本的馬鈴薯泥比較酸，而台灣的馬鈴薯泥比較甜，關鍵就在於美乃滋的酸甜度不同。

現在我在家會自己做日式跟台式兩種口感，冰箱裡隨時有個馬鈴薯沙拉，好處就是它們適合當宵夜，也適合當作早餐。宵夜場炸個唐揚雞塊加入日式沙拉配上啤酒，滿足一天心靈所需，吃完便可以完美入睡；而早餐只需要從冰箱裡拿出來，五分鐘後就可以享用。

來到早上，首先將木桌擦乾淨，鋪上桌巾打開窗子讓今天的風吹進來，把可頌放進烤箱三分鐘的時間還可以做很多事喔，平底鍋放上培根用中火煎，把沙拉葉洗乾淨裝盤，同時把培根翻一下面，用冰淇淋勺子將日式馬鈴薯挖兩球放在沙拉葉上，這時平底鍋關火，可頌從烤箱取出，將培根跟可頌裝盤，倒一杯冰咖啡，看著白嫩模樣的沙拉心情就覺得很放鬆，吃的時候記得告訴自己「我值得擁有一餐既營養又充滿愛的早餐」。

材料

馬鈴薯：3顆

紅蘿蔔：1條

小黃瓜：2條

水煮蛋：2顆

Kewpie美乃滋：依自己like的濃稠度 → 我like滑一點的口感

smooth スムーズ

作法／

1. 先將馬鈴薯與紅蘿蔔洗淨去皮，切小塊，放入一鍋沸水內，煮至熟透；可用筷子往裡面插看看，插進去就表示熟了。

2. 倒掉鍋子的水，開最小的火可以去水氣，同時把馬鈴薯與紅蘿蔔壓碎，讓水氣蒸發後表面微濕下再關火，不必全部搗成泥，這樣吃起來比較有口感。

3. 將雞蛋放入鍋內，水蓋過雞蛋，用中火煮十二分鐘後離火，然後煮好的雞蛋放到冰水裡，便可剝殼，用叉子將雞蛋壓碎。

4. 所有食材放涼後加入鹽與黑胡椒攪拌均勻，最後再加入 Kewpie 的美乃滋。

5. 最後、最後是我的個人喜好，為了怕小黃瓜出水，我會在要吃的時候，再切上幾片小黃瓜加入沙拉裡喔。

沒事就愛逛委託行，充滿無限的兒時記憶啊!!!

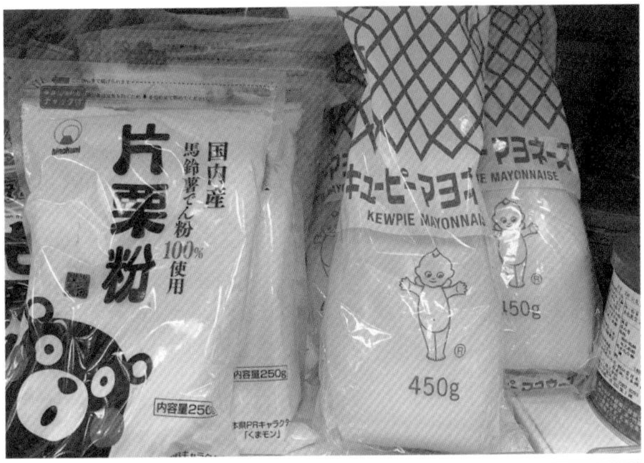

而且好好買

筆記：我喜歡 Kewpie 這個品牌的美乃滋，大概是從小媽媽就會在基隆的委託行購買，從小吃到大，這個氣味對我來說很充滿記憶呀，而 Kewpie 美乃滋是用蛋黃（沒有蛋白喔）做的，再加入蘋果醋，口感很幼滑，就像小 baby 的皮膚。

小小聲地說

我需要一鍋懶人肉

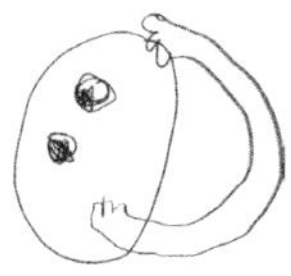

滷肉這件事，完全就是歸於個人的偏好，有人喜歡瘦肉，有人喜歡肥肉，不管你喜歡哪一種都無對錯。我呀，吃滷肉是喜歡又油又肥的那一國。

每一次到沖繩，第一天一定要先吃一碗熱呼呼的沖繩麵才能讓我心安，有個接地氣的儀式感。沖繩麵在當地很容易吃到，有別於我們印象中的日本拉麵喔，多了些家常的滋味，基本的兩個口味分別是豬肋排麵

與三層肉麵，麵條也有別於日式拉麵，沖繩麵是用小麥粉製麵，高湯是豬骨或雞骨熬製作為基底，再加入柴魚混合我最喜歡的就是麵端上來時，看到覆蓋在麵條上的那兩塊肉，它們就是那一碗麵的代表人物。

入夏的某一天，因為炎熱特別沒胃口的我，靈機一動決定做一鍋滷肉，以此懷念沖繩滋味的同時，也加入我自己喜歡的氣味。我們只需要買到五花肉，豬肉的肥瘦比例大約是三比一，肥肉三、瘦肉一，這一鍋就可以完成，是我心中最高的「懶人料理」。

剛買回來的五花肉先用洗米水或清水浸泡十五分鐘，這個步驟非常重要，越是懶惰的人越要做這一步，這一小步會將血水以及腥味去除，之後輕輕鬆鬆煮都會很好吃。然後準備一鍋冷水，將你想要的大小尺寸先切好就可以直接放入，煮到五花肉稍微滾起來了就撈起擦乾。

將蔥跟蒜頭炒香，先放入豬肉中的肥肉在底層，讓肥肉的油脂接觸鍋底出油，會讓整鍋肉爆香的關鍵，再把瘦肉放上層也不容易柴掉，灑上白胡椒和冰糖，這些步驟完成後，才再加入米酒，至於米酒要加多少呢？只要能剛好淹過豬肉就行了，要記得裡頭一點點水也不加喔，這樣做成的滷肉不管是肉質或香氣都會讓你很驚艷；大火煮滾後轉中小火煮約一個半小時就可以了，放涼後放入冰箱隔日再加熱會更入味。沖繩麵的滷肉偏向清香，肉塊比較薄一點、寬一點，而我的台式滷肉屬於厚窄型，口味偏重一些。

有一鍋滷肉在冰箱，心裡可以踏實很多，不論配上一碗白飯，或是像沖繩麵一樣，熬個湯頭，煮好麵條，加入自己做的滷肉，幸福的感覺就像每天都在過節。廚房的能量真的很大呀，不管開心或不開心，

走入廚房就像進入一個轉換門
可以調整情緒的風水

現在已經不是女生就應該學會柴米油鹽的時代，而是要享受在柴米油鹽中，我也會有懶惰不想進廚房的時候，不想進廚房的時候「絕對不進」廚房，換件衣服上館子去，讓老公請客好好吃一頓，嘗嘗其他好手的廚藝，享受餐廳的氛圍，享受用餐時的音樂，這樣的日子才可以過得長長久久。

靠海最近的咖啡館

漫無目的地開車在沖繩小路上是很愜意的旅行方式，車上聽著在地的沖繩音樂，探索當地的便利店買些零食，或看中某間小店就外帶一杯咖啡，一整天沒有計劃過行程就憑著感覺走；沖繩的小路很有想像空間，就像從故事書中描繪的風景：有小木屋，有花園，有衣著優雅的婦人……，沿著海邊道路不時地會出現小村落，有店家、雜貨店、超市，還有甜點選物店；慢慢開著總會遇見岔路，定睛一看一座小山丘像小饅頭一樣可愛，就決定往小山丘的方向去探險，沿著小

路一路往上開又是完全不同的風景，少了市區的商業氣息，沒有浮誇的設計，

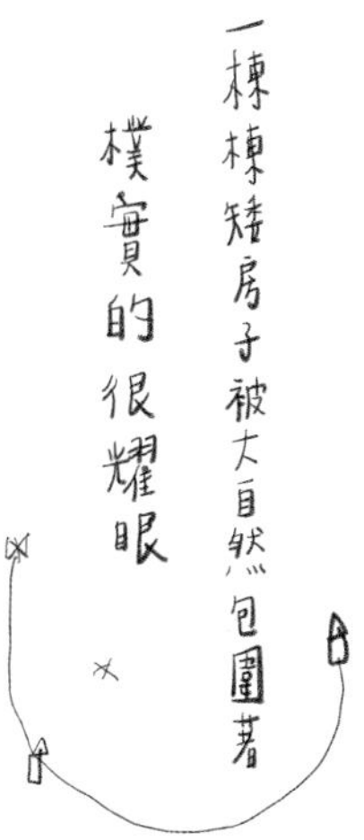

有時候會出現一整棟灰白色的房子，在大自然中這些房子看起來格外協調、不突兀，水泥牆上老木頭窗戶，在沉穩中似乎可以一窺主人的樣貌，幾乎每一間房子都很容易可以看得到海。

海灘附近有一家很受歡迎的「濱邊茶屋」，傍晚遊客漸少，我們運氣極好坐到了木屋窗邊的座位。這一間茶屋是細長格局建築，右邊的吧台上插著鮮花與簡單選物，隱約可以看到工作人員在小小空間忙碌的身影；左邊就是海景席，共有六大扇窗，每扇窗戶對應兩個位置，木頭窗戶向海面打開，是沒有邊界的無敵海景。

這裡的海跟基隆、義大利或克羅埃西亞是不一樣的喔，基隆的海有點野性，遊客大多在岸邊遊玩；義大利的海上很多遊艇，感覺豪華一點；克羅埃西亞的海很悠閒充滿度假的感覺；而沖繩的海則很有靜心的能量，光是看著海發呆，就是一件很珍貴的事。

我在屋子裡外走了一圈發現除了室內的位置，退潮的時候沙灘上也可以坐。沙灘上有一座用漂流木與竹子搭起來的簡單涼篷，在那裡可以光著腳丫子，等待海浪沖上岸，走到那裡就有一股想跑進海水裡的衝動，頂樓也有露天座位適合有小孩的家庭。另外還有一個小樹林平台，蓋在茶屋與沙灘之間，在那裡除了有樹木的遮蔭外，還能盡情享受海風吹拂，也是一處讓人安心休憩的位置，「濱邊茶屋」全部是木頭建築沿著海邊礁石而蓋，完美嵌合海邊的自然景致中。

在旅行中收集各種喜歡
是多麼重要的事

點了琉球花紅茶，裝在透明玻璃杯呈現紅寶石般晶瑩剔透，這杯扶桑花茶味道清香類似洛神花；另外一杯是咖啡牛奶；其實平常我較少接觸乳製品，鮮奶類飲料也喝得少，可是來到沖繩卻特別愛喝他們加了鮮奶的飲品，可能因為是來自當地牧場，喝起來特別香、特別順口，新鮮牛奶加入咖啡喝起來也沒有負擔，我的身體喜歡這個感覺。

啜著飲料靜靜地看夕陽，來到店裡的客人也擁有一致的默契，講話輕聲細語地，真是好極了，我相信，同樣頻率的人會喜歡同樣的事物，也相信自己喜歡的空

間與食物，身體也會喜歡，在旅行收集各種「喜歡」是多麼重要的事，喜歡山還是喜歡海？喜歡走路還是喜歡開車？喜歡喝茶還是喜歡咖啡……這些喜歡在日後會成為一種習慣，在生活中校正我們生活的頻率。

我喜歡現在坐的位置，從這裡看出去的海景就像裱在畫框裏一樣美，下一趟來的時候我要坐在沙灘上，讓海浪拍打、親吻我的腳。

濱邊茶屋（浜辺の茶屋 Hamabe no Chaya）南城市新原海灘文青小店

地址：沖繩県南城市玉城字玉城 2-1

營業時間：10:00~20:00（星期一 14:00~20:00）

開心苦瓜

在沖繩的每一天都要吃冰冰涼涼的海葡萄跟明星作物苦瓜，老實說在家時用台灣苦瓜料理，我只喜歡喝苦瓜湯，尤其是天氣特別熱的時候，就會想來點跟苦瓜相關的食物，心理覺得退火時身體就會覺得涼爽一點。但是，我在沖繩的日子也不是毫無理由就喜歡上苦瓜了，實在是當地的炒苦瓜料理很多樣，炒法很多變化和食材的搭配也很協調，視覺上也變美了，多一點熱情奔放的感覺。炒苦瓜是沖繩的家常菜，就算在當地食堂，每一家炒起來的味道也都不太一樣，搭配了不同食材，我吃過很多種版本，最喜歡的就是加上SPAM午餐肉罐頭的版本，在沖繩當地通常會稱呼它為「豬肉罐」。

我的身體總是會回應我

二戰後的沖繩長期受美國統治影響至深，一直到現在美軍依然長期駐軍在此，當地文化也深受美國影響，很容易看到美式生活風格或是美式料理，其中美國傳奇軍糧 SPAM 肉罐頭在便利店、一般店家和超市到處都看得到，不知不覺就成為沖繩的特色之一。沖繩人將 SPAM 肉罐頭拿來做飯糰，或跟土司一起吃，也加進泡麵中，在鍋物料理及各式菜餚中常看見它的身影。

來沖繩我一定會狠狠地吃當地種植的蔬果像紫地瓜、苦瓜、南瓜，住在沖繩的朋友告訴我這塊土地很有能量，我深深地相信，每一次吃完在地的食物，我的身體總是會回應我，譬如精神很好，眼睛特別明亮，也睡得很安穩。喜歡在沖繩不同的能量點打坐靜心，那裡的品質很難用言語說出來，大概是這座島上的土地、氣味和海水拍打沖刷的能量，慢慢流動於空氣中，讓空氣裡擁有豐富負離子，所以安靜下來後很容易感受到深層的寧靜。

第一次吃到沖繩苦瓜炒 SPAM 午餐肉，嘗起來很家常又討喜，還覺得沖繩苦瓜比較不苦，當地的朋友一聽眼睛發亮地接著說：

「沖繩苦瓜含有神秘力量喔」

我沒有追根究底地問他原因，但我心理似乎明白些什麼，就像沖繩人擁有長壽基因一點都不覺得奇怪。當地的蔬菜和水果在充沛地日照下生長，沖繩人也在音樂與溫暖的氣候中生活，加上開朗天性及隨遇而安的基因，在沖繩不僅僅是苦瓜，所有農作物衣定都是開心長大，能量破表吧，所以我對自己這樣說：「每天都給我來一盤多酚蔬果吧！」

醬料

柴魚醬油：1匙

味醂：1匙

清酒：1匙

食材

山苦瓜：1條

板豆腐：半塊

SPAM肉罐頭：半份

蛋：1顆

鹽：適量

柴魚片：適量

TULIP
Jamonilla
Pork Luncheon Meat
340 g
Classic

作法／

1. 將山苦瓜去除內囊及白膜後切成片狀，加入少量的鹽巴在沸騰滾水川燙約十秒，立刻用冷水冷卻，冷卻後用餐巾紙將多餘水分去除。

2. 板豆腐用餐巾紙包覆，用重物壓住豆腐頂部，以不壓碎為主，讓豆腐至少放置三十分鐘。重量會將豆腐塊中的水分擠出，並被餐巾紙吸收。將板豆腐以手撕成不規則塊狀，在平底鍋加適量的油小火煎板豆腐，每一面都煎出金黃色後熄火。

3. 此時原鍋應仍留有少量的油，不需要再另外加油了，直接放入切長條狀的 SPAM 午餐肉，煎到表面上色，將午餐肉放在平底鍋一邊，另一邊把蛋液放入鍋，待周圍凝固後，用筷子攪拌，隨後將午餐肉一起拌炒，加入苦瓜，倒入醬料翻炒收乾，上桌前撒上柴魚片，這樣就完成了。

把工作過得像生活的一群人

在一個晚上限量一百碗的拉麵快閃活動，那一晚我遇到 TOMO 桑。我們的緣份開始於一家店門口的老酒甕，上面用毛筆字寫著「泡盛」兩個字，這兩個字一直在誘惑我，在現場的我們就算空腹也是要硬來一杯，泡盛特別之處是用泰國米作為酒麴，加入水和酵母發酵，最後再以蒸餾法製成。

屋子裡的三線琴伴奏讓夜晚熱鬧得很，現場歌手的聲音唱出沖繩海邊的無拘無束，唱完、醉了就躺在沙發上豪邁地睡一覺，好玩的是，這樣的景像沒有人覺得奇怪，他們就是那麼的真，像個孩子一樣，打從心裡做自己喜歡的事。拉麵職人在櫃台後方賣力地煮拉麵，負責製作小菜與送麵的夥伴身影融入整個場子

裡，隨興地跟著音樂一起哼唱，這是生活不是工作，連在外頭排隊的我都可以感覺得到：

沖繩式的浪漫

終於坐到屋內，紅色的拉麵碗還沒放到我面前，卻已被滿屋子香氣熏得我肚子要餓爆，當拉麵終於送到我面前時，看見上頭的銷魂溏心蛋，我的嘴角立即高高地上揚，軟Q濃稠的半熟蛋中流淌出鮮黃的蛋黃液，吃完了覺得一顆還不夠；接下來上場的拉麵代表當然是叉燒肉，厚度約一公分，油脂與瘦肉的比例各一半，咬起來口感柔嫩，加上用炭火烤過鎖住肉汁，油脂香Q一點都不油膩。拉麵的靈魂美味來自於濃郁湯頭，為此風車拉麵的研發者「一季桑」從日本扛了一個大鍋，就是專程為了煮拉麵湯頭用的，職人精神就是講究。這個拉麵湯使用宜蘭豬肉、大豚骨、柴魚……等調味熬煮而成，味道十足、香氣破表，最厲害的是，我可以一口氣喝完整碗湯卻一點也不覺得膩，事實上我肯定可以吃完兩碗喔。

把工作過得像生活的一群人，他們的共通點就是個性友善、喜歡共好，也樂於分享，我鼓起勇氣跟主唱 TOMO 桑說，基隆早期也住過沖繩人喔，曾是繁盛一時的琉球人聚落，就住在和平島裡，TOMO 桑眼睛散發出不可思議的表情，就這樣我們在宜蘭聊著基隆的和平島，一份可愛的緣分就此開始展開。我深信一件事——

發自善良的初衷，就能吸引好的能量聚集

會得到好的結果發生。後來我們花了一些時間透過網路與在沖繩的TOMO桑聯繫、開會討論活動方向與細節，過程太有趣了，一下英文、一下日文，不斷你來我往的翻譯：像是食材要在哪買？我們要先為你們準備些什麼用具？拉麵的碗要環保喔，我們不希望一次性的免洗碗；啊！對了，你們住哪好呢？……看似不過短短兩天的活動，卻有著無數需要解決的問題與細節，就這樣在一來一往的信件中，我們一件一件的搞定了。

那年冬天，一天限量三百碗的風車拉麵，首次來到基隆和平島公園限時開賣，本來我們的策略是在網路預購，讓所有食材的準備可以很精確不浪費，卻沒想到一開賣就瞬間秒殺。「你們真的都很浪漫」，我發自內心感嘆著，你們完全不畏懼寒冷的東北季風來襲，儘管外頭下著大雨，和平島公園卻是火熱得很。在屋子裡現場演奏著來自沖繩的民謠，音樂的熱度遞補了雨天的濕冷，基隆人好客的天性無法被改變，感念煮拉麵的是來自遠方、專程而來的沖繩職人，每一位客人都成了主人，關心這些職人們吃飯了嗎，會不會口渴，要不要喝台灣啤酒；老一輩的人用日文與他們交談，年輕一輩的爸爸媽媽帶孩子來，整個場子像是同學會一樣熱鬧，一起吃麵，一起拍手唱歌，一同取暖。那一年的東北季風沒有阻止基隆人出席這一場享宴，我們在和平島裡，因為一碗拉麵，讓一整個冬天的心都被烤得暖暖的。

第三章
從基隆來的海派餐桌

隨著光線的變化會反射出你內心的靈魂光芒，
一但喜歡了，你就會愛上100年

不怕麻煩的野餐

還記得每天我們集合的地方就是在海邊，下午四點的太陽沒那麼毒辣，下課後把制服換成泳衣二話不說就往清涼的海水跳下，一心一意只想泡在鹹鹹地海水中，享受著被海支撐著身體，隨著海浪輕輕地搖盪的一種柔軟感受，很可以暫時忘記學校考試帶來的挫折，這太陽落下前的短短一個小時，是我慘綠少年的療癒時光。

每天游泳後換上乾爽的衣服，背著泳圈走在夕陽下的柏油路上，走到一家非去不可的路邊攤，說：

老闆我要一個蔥油餅加蛋

這是泡完海水浴後必買的點心，記得做蔥油餅的是一頭白髮的老伯伯，脖子上掛著白色毛巾，用充滿力道的手勁擀著麵團，將一份一份的麵團桿均勻後撒上蔥花，看著它們放入熱鍋發出滋滋聲響，就像下課鐘聲一樣讓人開心，起鍋後澆上醬油與甜辣醬，那是我小學一到六年級無法取代的美好回憶，玩水後來個蔥油餅加蛋，讓我在一秒鐘就如同置身美妙的天堂一樣。

現在已經吃不到老伯伯的蔥油餅了，取而代之的是裝備齊全的潛水用具，優雅細緻的野餐道具。多年過去很多事都改變了，唯獨不變的就是喜歡在海邊的浪漫——不怕麻煩的「吃」。

可以隨興地先到市場買些新鮮水果，準備一些簡單輕食與喜歡的零食，有時也會為了搭配法國麵包特地燉一鍋牛肉，或做盤涼拌菜，就看看自己有多少準備時間來決定。把美味的食物裝盤也很重要，我喜歡堅硬琺瑯材質的盤子和木盤，餐桌上會以這兩種材質搭配，雖然相對其他材質比較重一些，可以讓餐桌看起來更有

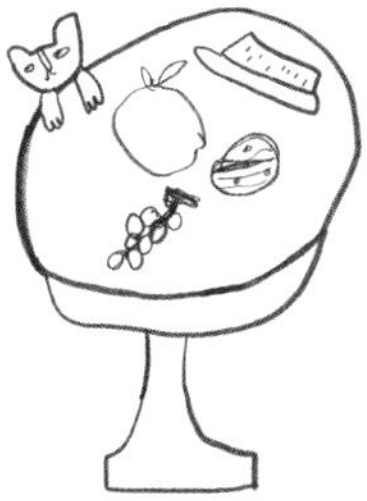

活力。至於刀叉和杯子之類的，不要嫌麻煩要通通帶上，比起一次性使用的餐具，手感會相對提高許多。

記得也帶上一個空的花器，如果野餐地點長了小野花，插上一兩束花也會帶來很棒的氣氛。美酒更是不可或缺的，我喜歡配合當天食材來決定帶上什麼酒，一般來說啤酒都會是必備的飲品之一，尤其天氣熱的時候一口接一口、冰冰涼涼地咕嚕、咕嚕喝下肚，就是一個消暑暢快。為了讓用餐時更加舒適，攜帶木箱子可以作為小餐桌，在視覺上有高、有低的層次也是一種享受；還要有一張可以鋪在地上的、好坐的野餐墊，如果野餐的時間長一點，我也會二話不說地把抱枕、椅墊等一起打包全部帶上，以上差不多就是野餐的基本配備了，加總起來肯定會是一場美好的野餐體驗。

在海邊有各式各樣的玩法，我們可以什麼都不帶，直接跳進海水蛙式游個幾圈，也可以帶上浮潛用具一覽水中世界；

有時跟海邊的小男孩一起跳水。
這是專屬於我們夏天海邊的時光

玩累了看看夕陽邊享受美食，陽光投射在海水上的線條散發粼粼的波光，看著、看著，很容易不自覺地張大嘴停格在夕陽下，好像要發呆到下一個世紀了——海

FRESH

的力量很強大呀。

自從有了「海那邊」這一家店，收工後我們盡可能還能浪漫地到海那邊去追夕陽，對著大海我忍不住要大聲說：「在海邊，什麼都會變得好吃耶！」

以前很常聽到這樣的話，「只不過去海邊吃點東西，要準備那麼多傢俬不麻煩嗎？」是啊，麻煩肯定是有的啊，其實這就跟生活或是工作一樣，不論做什麼事一開始都難、都辛苦些，但上手了成為舒適圈的一部分了，麻煩變少，幸福也變多了，再仔細想想，羨慕別人的生活，不如自己來創造讓人羨慕的日子，「創造」這一件事容易很多、很多。從第一次海邊野餐開始一直到現在，我家的野餐配備一年四季都會隨時隨地準備好，只要好天氣隨時都能出發，已成為生活裡的習慣，這是我真心的喜歡，喜歡跟大海一起的生活樣貌。

常常會跟自己說一句話「這麼怕麻煩那就乾脆躺在家裡就好」。
這句話是我心裡的一把尺！想要幸福就別怕麻煩。
下一個好天氣

走吧！
我們去海邊野餐

有一種白叫做大根白

我煮的大根超難吃，不僅僅是我的蘿蔔怎麼煮都煮不爛，退一步說煮不爛就算了，口感不對也算了，竟然還會嘗到苦苦的味道。有時候買回來的蘿蔔一切開卻發現是空心的，真是沮喪極了，不論怎麼嘗試就是做不到心目中的標準。在煮大根的過程中我不斷地回想，在日本吃過的關東煮，那裡面的大根一口咬下去滿嘴湯汁與甜味，是一種滿足破表的感受呀。但現在的我，只有怒氣破表，我結論就是——

白蘿蔔真的很不可愛 ><

市場中的武林高手

「你看好喔，要這樣用力、狠心地削下去，要削到看不到蘿蔔皮下面白白的纖維，有沒有看到？就是我手指下方這裡喔……」，「要記得，把白蘿蔔皮下的這個纖維去除，這樣煮出來的大根才會好吃」，菜攤的老闆一邊熱心地跟我說，一邊手也沒停下來教我削蘿蔔，嘴裡還念念有詞，「這就像人生，太雜的、太亂的、不適合你的，就要捨得把它丟掉。」哇，老闆妳好厲害喔，一邊削蘿蔔一邊還可以講出這樣有道理的話。「我沒有念什麼書啦，但我吃過蘿蔔比妳念過的書還要多……」然後轉身回頭又對另一位顧客說，「高麗菜今天一斤三十二……」我覺得這位老闆不但是高手，而且是活在當下的高手。

喜歡在傳統市場裡「求神拜佛」，攤位裡的每一位老闆功力都比你想像的要強大、法力無邊，你可以學我一樣臉皮厚一點，要報以微笑誠心誠意地問，「老闆，請問你喔，我要煮好吃的白蘿蔔要怎麼選？」菜攤老闆一定會說隨便選都好吃，於是你要趕快追上這個節奏，再問上幾個問題，譬如：選白一點的蘿蔔？還是越大的越好？要怎麼煮比較好？為什麼我怎麼都煮不熟，煮不好吃耶？

你也試一試抓緊節奏問問題，好玩的事情就會發生了。講了這一連串通關密語後，菜攤的老闆大多會欣然地回答你，就算老闆正在忙著，一旁聽著的熟客也有可能會替老闆回答，她的煮法可能又不太一樣喔，「要大根沒有苦味，除了把纖維削掉外，還可以加洗米水下去煮，它可以去除苦澀味，留下蘿蔔的甘味和美味」。除此之外，如果你的眼睛像是認真學習的學生發出專注的光芒，下一位高手就會緊接著進場，路過的阿姨聽到了也忍不住接話說：「我跟你一樣，以前也煮不爛，後來我會在切好的蘿蔔上、下切兩個十字型，這樣較容易煮透入味，可以少花個二十分鐘瓦斯費」。

聽到這些妙招，我只能說人外有人、天外有天，每一位高手都有自己專屬好吃的祕訣，我就在這樣過程中研究出屬於自己煮大根的方式，往後每一次煮大根都超級成功了。

跟著直覺尋找你的食物

我說有一種白叫作「大根白」，它很純淨內斂、不耀眼，它閃亮卻不高調，溫柔中帶著透亮，

隨著光線的變化會反射出你內心的靈魂光芒，
一但喜歡了，你就會愛上100年

喜歡姿意欣賞大根剛煮好的時候，樣子就像月亮一樣的柔美滑順，我會忍不住用手指去輕輕戳幾下鍋裡可愛的月亮（大根），它寧靜又滋養的模樣非常地討喜。一年四季都有各自的顏色，我很喜歡跟著季節吃當季的顏色，我深信，每一季的顏色都會供應我們的身體一種「當下」，然後相信自己的直覺，每天都可以讓不同顏色的食物提供我們養分，保持一種開放的能量，你不尋找食物，食物也會來尋找你。

大根白這個顏色讓我內心安靜、內斂，然後告訴「自己不要生活的太用力」，只要輕輕地咬一口，就會收到大自然的香甜豐盛。

對待大根，要狠也要溫柔

「大根為何可以這麼入味？」吃到關東煮的客人大多都驚訝地說出這句話！冷冷地冬天是白蘿蔔的產季，老天讓它在這時盛產，那肯定是帶著什麼的使命來貢獻地球，那就是「滋養」了。滋養冬天的身體，給予冬季的身體所需，「冬吃蘿蔔、夏吃薑，不用醫生開藥方」古老的諺語給了答案。

有興奮的感覺出現
就代表有好事要發生

準備店裡冬季食材的這段時間，白天裡外忙碌讓頭腦聲音很雜亂，一旦到了晚上心裡頭卻很安靜，所以刻意讓自己在夜晚留點空間時間，整理自己心裡的聲音，於是它就出現了，「在寒冷的港邊，就適合吃關東煮」，我想起了一個下雨的晚上，一位前輩跟我說過的這句話。

哇嗚，這簡直就是天意呀，我喜歡、我好喜歡，我真的喜歡，於是就有好多關於關東煮的記憶不斷地湧現，那種興奮感來了，這不就是一個訊息。在關東煮裡我最喜歡的就是大根，我視它是一個很重要的靈魂，沒有大根的關東煮就像樂團裡少了鼓手一樣的無聊。

吸飽湯汁，入口瞬間融化

想把白蘿蔔煮得好吃，第一個很重要的祕訣就是「面試」。選買蘿蔔有幾個需要注意的關鍵，譬如說：根莖是否圓整，是否買到漂白過的蘿蔔。我喜歡的白蘿蔔，表皮要光滑、略黃，還要帶一點土，還有白蘿蔔從頭到尾大小、胖瘦最好要均勻，外觀也沒有裂開或分叉、也沒有坑洞，根部要呈現直條狀，葉柄新鮮不枯萎，如果上述的都沒問題了，最後還要用手去彈一彈、聽一聽蘿蔔該有的清脆聲音，能找到這樣的白蘿蔔，簡直就跟發現真愛一樣完美了。

妳要狠狠地放下

雖然這個動作做起來，連我自己都覺得很危險，但心裡又莫名地喜歡這一個環節，總覺得有點帥。將大根從洗乾淨後，接下來的那個手勢很唬人喔，拿起菜刀的時候要狠，不能猶豫不決，從蘿蔔表面狠狠削下去，把外皮的那一層薄膜給削下來，這個步驟很重要，這樣大根吃起來才不會有苦澀感。每一次的削皮，我的心裡都會想著——把那些不屬於我人、事、物，跟著下刀的聲音刷、刷地一一狠狠給刪除，那瞬間——內心就會出現一種平衡的共振。

妳要溫柔地圓滑

將大根從圓切面垂直下切，這樣可以破壞纖維，較容易煮軟，下切後再將蘿蔔的稜角削掉，慢慢地削成圓滑狀，可以避免在煮的過程中因為碰撞而碎掉，然後再一片、一片依序放進滾燙的高湯中，熬過了三十分鐘，大根會開始一點一點呈現明亮清透，它正回應著你對它付出的成果。

就像我們給出了什麼能量，就會收到相等能量給你的回應，感情如此，關係是如此，健康是如此，大根也是如此；願你吃完大根後，生活開始一路溫柔飽滿，甜美多汁。

處理蘿蔔的時候，就像在關係裡要陰陽平衡

你相信嗎，吃蘋果可以變幸福？

喜歡蘋果的人身上一定很容易招來幸福的能量喔，小時候我的阿嬤都這樣跟我說，「吃了蘋果就會很幸福」，所以每次生日、過年過節，家裡就可以看到蘋果。

你們喜歡吃蘋果嗎？說實話，我好像不是那麼喜歡吃蘋果，因為光想到吃一顆蘋果要先把皮處理掉，還要切成片，光幾個動作就讓我覺得有些麻煩，往往想完了一圈心裡就只剩下「還是算了」。

按這樣的邏輯來講，我跟蘋果不會是同一國人，但偏偏這要命的喜歡突破個性就是饒不過自己，硬要想一個方式，讓每一個人都能把這樣的幸福能量吃到肚子裡，就在阿嬤離開地球的那一年，我做了蘋果醬。從我第一次做蘋果醬後，我們都期待每一年的夏天到來，「蘋果挫冰」這個冰品就會出現在我家，每個小孩、大人和來家裡的朋友都喜歡。

然而，做蘋果醬卻是比切一個蘋果要麻煩上好幾倍、好幾倍（請再多念一百次），切完一個蘋果我就可以躺在沙發上、翹著腿，優閒看電視、滑手機，現在我卻甘願為這一道料理付出更多時間，從此我再也不敢說有多了解自己了。

香味可以填滿你內在的孤獨

有一些料理就是要睡過一夜之後，彼此才會生出感情，蘋果醬也是其中之一。將一顆顆充滿香氣的蘋果削皮、切片，一旁備著熱鍋煮著濃濃的焦糖，從白細的砂糖透過爐火的溫度漸漸地變色，隨著顏色越來越深，焦糖的香氣就會越來越濃。每一次在店裡做到這一步驟，焦糖香瀰漫在空氣中，來到店裡的客人常常會因為受不了香氣的誘惑，問說「請問現在的香氣是菜單上的那個料理呀，好香喔，我也想點……」，如果你剛好那一天心情好，進來店裡聞到焦糖香味，吃到蘋果醬，你心情會再更好。

金色日出
Handmade Apple Jam

或如果，你那天心情有點糟，聞到焦香的溫暖，再吃一口蘋果醬的幸福，可以改變當下的心情，這一天，這一家店就是為你而開，

食物療癒的力量好大呀

我喜歡，那一瞬間的氛圍，不論是大人、還是小孩，每一個人都會被它迷成一團、迷得一塌糊塗，蘋果加上焦糖的香氣，實在讓人家感覺到太幸福了。

把一顆顆蘋果浸泡在焦糖中，睡過一晚後，會發現蘋果的外觀已經上了一層誘惑人心的焦糖色，在鍋子裡載浮載沉，微微泛著光澤，很性感呀。再加上自釀的蘋果酒和新鮮檸檬汁，一起攪入蘋果醬裡，那微微地酸、甜甜地果香，就是夏天最美麗的味道。

這個夏天 勇氣跟幸福都在你身邊

我那受日本教育的阿嬤，心裡住著一棵會幸福的蘋果樹，阿嬤的信念遺留給了我，也讓我的內在長出蘋果的幸福感，夏日的蟬叫聲像一種古老的密碼，連結了身處於不同時空的我和阿嬤，耳中彷彿聽見阿嬤說，「吃蘋果才會長得快喔，吃了平安、吃了幸福」，這樣簡單又美麗的話語，我也要送給你，讓你的心裡留下一

個空間，種下這顆種子，它會隨著內在的力量，一天天長大，顯化在我們的生活中，
幸福這一道信念是需要被滋養、被照顧的，我們要常常提醒彼此好嗎？

說好今年夏天
一起在海邊、浪漫吃冰
浪漫的尋找屬於自己的
幸福感

春天的儀式在夏季舉行

大海的味道有很多種，其中有一味，你可能沒有像我這樣吃過它。這味道我是從小吃到大的喔！在我印象中它可以治百病，記得小時候遇到中暑、生病、發燒，只要是身體不舒服沒有胃口的時候，媽媽會說，「煮點稀飯給妳吃好不好?」不管媽媽想給我煮什麼，我總是跟她說，「我要配海膽膏」；生病的時候就是有特權無理取鬧呀。在沒有食欲的日子，只能靠鮮香的海膽膏拯救，每一次蒸鍋一打開，濃郁的海膽香氣鑽進鼻子裡，不管是小感冒、大感冒，吃到這一味身體就好了一半。

每一年到了春天就是氣溫最舒服的季節，媽媽會特別選一天全家人一起吃飯時候問，「今年夏天要吃幾『斤』的海膽膏？」，你沒看錯喔，在我們家吃海膽的單位以「斤」計算。全家大小會七嘴八舌地討論「要幾斤？」「要屯多少放冷凍櫃裡？」一定要有足夠的量在一年中慢慢享受，那天晚上我們都會格外地興奮，因為一問這句話，代表離我們大吃海膽的夏日季節不遠了。

在海邊長大的人，通常都會有固定預購海產的班底，只要

好吃並且吃得習慣，就會吃上大半輩子

在東北角，職人在特定的季節會開啟抓海膽模式，他們熟知海膽出沒區域和產期，懂得跟天氣與潮汐對話，然後進入海膽基地尋找這些黃金寶石。

海膽怎麼切呢？新鮮海膽要沿著它的嘴巴，用剪刀剪半個殼大小，清除黑色內臟後取出海膽黃，把少少的海膽黃一顆顆放在一起，一包以半斤或一斤販售，像我們家這樣的老主顧多在前一年就先預訂好，所以當一般人得到消息時，早就已經完售。

你一定吃過海膽料理，但你可能沒有嘗試過我們吃海膽的方式。我們心目中的海膽味道，充滿濃郁的海味，我媽媽的作法超級簡單，將海膽與鹽巴攪拌均勻

蒸上個半個小時就完工，放涼後放進冰箱，想吃就挖一點出來，配一碗熱騰騰的白飯，就是天下無敵。這一款味道吃起來很鹹喔，吃法要像日式醃梅一樣，一小口、一小口地配上一大口、一大口的飯，一口冰、一口熱的交替。「海派海膽膏」是夏天必須要有的飲食配備，對海膽膏的依賴，是小時候的記憶伴隨著我長大，現在只要聞到那股香氣，身心靈都得以獲救。

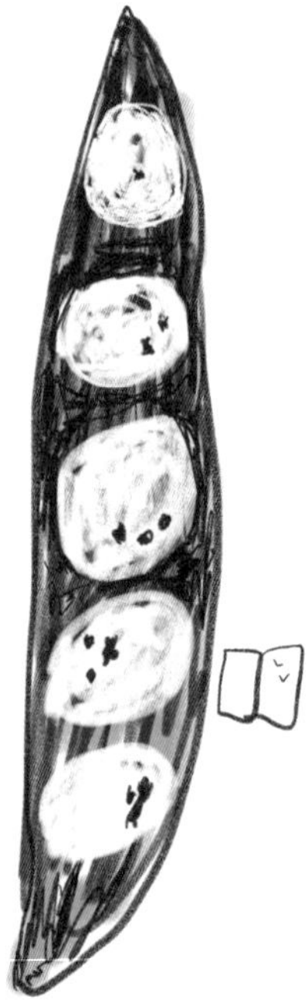

海味的湯

什麼料理一直存在你的記憶中

現在回想起來，喜歡味噌是從小時候的餐桌就開始有的記憶。從小挑食不愛吃飯，但只要餐桌上有味噌湯的那一晚，胃口總是特別好。在基隆的魚貨很多，其中容易看到的食材「鮭魚」是非得出場的明星，鮭魚肉可以做成生魚片，或是砂鍋鮭魚頭，你一定沒想到剩下的魚骨邊肉更是好用，在市場裡只要聽到媽媽說「給我一份煮湯肉」，就知道他們家晚上喝的是味噌湯。

在地基隆人的味噌湯一定會加入鮭魚的魚骨邊肉，鹹鹹的味噌添加了魚骨邊肉後釋放出甜甜的口感，經過熬煮後，魚骨頭裡的膠原蛋白和油脂都釋放在湯頭裡，把黃豆的力量發揮到最大，再加入市場賣的手工豆腐，切成正方形小塊放入鍋中，關火後撒上細細蔥花，就激起你食欲的火花。餐桌上有這一道，一坐下來就會忍不住拿起湯匙「先喝一口湯吧」，然後端著的湯碗在見底之前，就沒辦法放下了，真是太暖了啊。

對了、對了，在市場看到炸得酥脆的老油條，也記得買回來喔，切成一公分大小撒在味噌湯上，又是另一種迷人的組合。味噌湯在我的餐桌上是最亮眼的一道菜，是專屬基隆媽媽的鮭魚味噌湯。

找到你喜歡的食物
讓它成為一個儀式

「豆類」這個食材，說真的我從小就沒有喜歡過它。紅豆、綠豆、花豆、碗豆、鷹嘴豆……你想得到的，我都很不愛，唯獨「黃豆」經過發酵後成為了另一個靈魂，變成的味噌。這一顆小小的黃豆就像是經過一場打掉重練的過程，擁有了奇妙無比的變化，從此就是我人生中很愛的一個食材，吃了可以讓自己的生命靈魂去到另一個境界。說到這，我突然很有感覺，難怪，每次當我的生活中遇到不開心的事情，

你也喜歡喝みそ汁嗎

我超愛

就會想要安安靜靜地享用一碗味噌湯，心滿意足後才能重新去找尋自己，對我來說「味噌」這個食材的力量真的很強大呀。

煮碗湯也要感情用事

那一天回家的路上，看到橋頭的生魚片店還開著，一時興起，心想買個生魚片回家吃吧。賣生魚片的阿姨很有個性、也很會生活，想做生意就開店，想去玩就店休。上前跟老闆娘說，「我要三百元，隨便妳配」，老闆娘回：「我這沒有隨便的東西。」是不是！多帥氣的底子，氣場很強大。我們兩間店離得很近，忙碌時也只能簡單聊上幾句，看著她駕輕就熟的姿態，切生魚片的動作就像是彈鋼琴一樣協調，我在一旁看著也很享受。然後她說了，「這一大袋魚骨邊肉給妳煮味噌湯，分兩次煮」，說這話時，她臉上沒有太多表情，我卻感覺到一顆很細緻的心，常常被生魚片老闆娘照顧著，買生魚片還附贈好食材，是標準「感情用事」的基隆人，我好愛。

材料

鮭魚骨邊肉	200g
薑	少許
味噌	150g
柴魚高湯	1500ml
大白菜	四分之一
鴻禧菇	一盒
嫩豆腐	半盒
蔥花	少許
油	一大匙

作法／

1. 前置作業處理：將鮭魚魚骨邊肉用熱水煮過，水一滾馬上關火，免得魚肉變老。

2. 味噌湯煮法：少許的油，把薑切細炒香，可以減少魚腥味，再加入自己喜歡的蔬菜一起炒。我愛用大白菜，大白菜可以吸收湯的鮮甜。大白菜炒軟後加水，倒入鮭魚魚骨邊肉，中火煮滾，大約滾個十分鐘，讓魚骨頭的甜味出來後，再把嫩豆腐、鴻禧菇加入。

3. 用魚湯湯勺舀一些湯汁，準備一個小碗，慢慢地把味噌拌勻後再倒入味噌湯中，開火稍微加熱湯鍋，切記不可以煮到滾，沸騰的味噌會變苦、變澀喔。盛上一碗湯時，再加入蔥花，絕對是很暖胃的一道菜。

筆記：一比十味噌：以水的比例去調整自己喜歡的鹹淡，有時候味噌品牌的鹹度不一，就會有差別。

有一種任性叫茶泡飯

「台灣人不喜歡吃茶泡飯、也沒有習慣把飯泡在湯裡」，當我決定要把茶泡飯放進菜單裡，這些聲音不斷地來打擊我。「可是如果賣茶泡飯，我自己就可以天天吃，就是喜歡吃茶泡飯呀！」在自己的喜好與現實間要怎麼拿捏？我看著大海，腦袋空白了好幾天。還好，每一次在生活中到遇到矛盾，或是需要一個答案時，我還是習慣回到內在，問問自己內心的想法，在內在尋找答案。

如果自己都不喜歡
怎麼可以奢求客人也喜歡

一個清楚的聲音回應了我，那就對了。於是我透過朋友，簡單做了茶泡飯的問卷調查後，發現了很有趣的現象。喜歡茶泡飯的人有一些共同的特點：個性簡單且容易滿足；他們珍惜周遭的資源，喜歡分享，會傾聽自己內心的聲音，不跟隨流行，忠於自己。這個意外的發現，讓我認識到——食物與個性，有一條無形的線在牽動彼此，太有意思了。

把任性用在創造力上

在設計自己心目中理想的茶泡飯前，我們去了一間日式料理店，點了一輪喜歡的食材，有炙燒鰭邊肉、海膽、鮭魚卵、干貝……，不得不說每一次嘗到喜愛又新鮮的食材，那些狗屁倒灶的事情就可以瞬間煙消雲散了，食物的療癒力就是這麼的強大，讓自己瞬間可以重組問題並且獲得答案，然後進入執行階段。

別人的想法先放一邊，我要任性地將喜歡的事情發揮成我心目中的樣子。於是，「海那邊」的茶泡飯中就出現了鮑魚、鮭魚卵、鮭魚炙燒、小捲、干貝……等不同的組合。而湯頭的基本功，選用日式料理中的靈魂角色「鰹魚」為湯底，再加入昆布，我喜歡「鰹魚」與「昆布」兩者融和出來的鮮美，卻又不搶戲，淺淺地黃色光澤是三百多年來日本的飲食歷史。食物就像是任意門，自由穿越在不同年代與空間，為品嘗到的人帶來幸福感，也讓我們品嘗到京都的春天。

特地來店裡品嘗茶泡飯的人，還真不少呀，我欣賞你的忠於自己。

高麗菜捲靜心

太天真的我

冬天的菜單確定之後，我總算是鬆了一口氣，「關東煮」成為冬季的菜單之一，有了一個大方向後，原本以為很簡單，不過就是找一些關東煮的食材，關東煮這件事情，三兩下就可以搞定，「大根」這麻煩的傢伙，我都搞定了，「關東煮」對我來說一定不是難事。

萬萬沒想到，當所有的食材都找好、定調了，唯獨「高麗菜捲」這傢伙不知道哪裡才可以找到。從網路上、在小巷弄內，我幾乎吃遍各家的高麗菜捲，就是沒有找到心中那個口感。「不要再叫我自己做嘍，店裡要做的食材已經讓我要忙不過來了」默默地對自己心裡喊話！

老實說，我也很想偷懶，只要方便就好，就選用半成品食材吧。但偏偏命運來捉弄，就是找不到合適的，而關東煮若沒有高麗菜捲就少了一味啊。這一年的十二月又濕、又冷、又多寒流，為了所有上門的客人都可以暖呼呼的，我得趕快進行，於是，「自己搞定比較快吧」。

在地食材給我好大的力量

「海那邊」菜單上沒有豬肉、牛肉和雞肉並不是素食取向，而是蔬菜跟上述肉類比起來，就少點肉吧；而海鮮跟蔬菜比起來，相對地又少點蔬菜了。基隆人嘛，海鮮食材占據我們日常生活很大的部分，於是我就想著，不妨就讓「海鮮」成為高麗菜捲裡的食材吧。

我思及小時候在家吃火鍋，爸爸總會拿出一盒花枝漿，自信滿滿地將花枝漿一勺、一勺地放進高湯，咕嚕、咕嚕沸騰的火鍋冒著蒸氣，花枝漿個個熟得很快，不一會兒就可以撈起，滿足的吃上一口，嘴裡滿是真真實實的「花枝」漿。在此刻，屋子外頭又是刮風、又是下雨的，在屋子裡卻充滿了我與花枝漿的每一刻記憶，我告訴自己「就用它吧！」美好的畫面已出現，我就用和平島的花枝漿來成為做高麗菜捲的基底吧。

為了搭配花枝漿，我加了夏天醃製的紫蘇梅、和一些醃菜與白胡椒。我得說，把白胡椒炒香後再磨成粉是很重要的一個步驟，比起市面上賣的白胡椒，胡椒的香氣、韻味可以維持很久，加入海鮮一起料理可以去腥。

不計成本地加入自己喜歡的食材，讓口味更多樣化，譬如明太子高麗菜捲、龍蝦高麗菜捲、干貝唇高麗菜捲……一樣的價格，不一樣的驚喜，在海那邊就看你與誰有緣分了。如果你問我最喜歡那一款？我會說「每一款我都愛」。

慢慢地體會出，我跟高麗菜捲之間相處之道。從挑選高麗菜、將高麗菜一葉一葉摘下，再將高麗菜葉川燙好用冰塊冰鎮，再去削高麗菜梗。用一把較小的刀將硬梆梆的白色菜梗一一削薄，太硬的梗會影響口感喔，要把高麗菜削得跟紙一樣的薄，才能進入包內餡的步驟。

在剛開始「削」高麗菜葉的時候，我一下怕割傷自己的手，一下又把高麗菜割破，結果一顆完整的高麗菜，竟做不了幾個高麗菜捲呀。後來我集中精神專注地跟它們在一起，仔細地觀察、用手指感覺每一道凸起的高麗菜梗，找到每一片高麗菜葉的弧度，最後找到下刀的位置。這個過程，讓我「活在當下」專注在

「呼吸、刀、高麗菜」

當我終於很完美地剝離一條菜梗，心裡瞬間湧出一種爽快感，然後強迫症就上癮了，只要高麗菜葉的葉面上突出超過零點二公分，我都想要處理掉它。

拿起一片高麗菜葉背著光看，像紙一樣的薄，此時我才聽見屋子裡一直都有的音樂聲——原來，剛才的我就像在一個真空的世界，空氣中流動的聲音全靜止下來，身體裡沒有雜音，頭腦暫停的片刻，竟是如此珍貴，我開始期待店裡的關東煮趕快賣完，因為我想要做高麗菜捲靜心啊。

蝦子是一種有魔法的食物

沒有靈感的時候，我喜歡補充蝦子的能量，蝦子可以開啟你的創造天線，是一種有魔法的食物。噓，不能告訴別人喔！

有機會的話，你可以在正濱漁港的清晨，跟「海那邊」同一排的老房子，有間海鮮的祕密基地，一群在地的媽媽們會搬張桌子到港邊，頭上綁著頭巾，一邊吹海風、一邊聊天，聚在一起做一件很貼心的事，「就是將新鮮的蝦子剝殼、去頭尾」。媽媽們的手太強了，不管在手勢或手感，很懂得用最光速的方式剝蝦殼。一艘漁船在清晨靠岸，最新鮮的漁貨就這樣低調地入港，這間海鮮食材一直照顧著我們的胃，食材保證新鮮、價格實在，只要買過的人都會再光顧，當地的居民有不少也是老主顧，一處小漁港的風景也成了我們的日常。

蝦仁一買就要買三斤，回到家分裝，可以現炒個滑蛋蝦仁，或是蝦仁煎球、蝦仁奶油義大利麵、蝦仁炒飯……沒有人不愛。除了以上作法，我更喜歡這一款味道，那是在輕井澤的一間餐廳吃到的味道。在我的記憶中，蝦仁表面吃起來脆脆的，應該是先油炸或油煎過，再加上滑順的美乃滋，以芥末子和櫛瓜入菜，簡單搭配了幾樣食材，卻有討喜的口感變化，大人跟小孩都會搶著吃。

後來，我依照我的記憶把它調整過，就變成了一道在家裡的餐桌上很常出現的海鮮料理；而在海那邊的餐桌上，我將這些可口的料理放入茶泡飯的配菜中，客人常給我的回應是，「我家小孩不愛吃飯，來這裡卻把茶泡飯跟配菜都吃光光，太驚訝了」，聽到這樣的話，心裡都會偷笑，我呀，其實很了解小孩子們都喜歡吃些什麼喔，因為小時候的我也是不愛吃飯的臭小孩，等到我長大了，莫名的就有一支「懂小孩子胃」的天線。

喜歡這一道蝦仁的調味，蜂蜜的微甜味，與淘氣地芥末仔在舌尖來回穿梭，蝦仁脆脆地口感配上滑順的醬料，夏天吃起來特別地開胃喔。

每次做菜前，我會先當一位科學家，處女座的龜毛，要了解食物的本質後，再進行料理，而蝦仁本身的體質為藍綠色的血液，離開海水後氧化容易變成黑色，除了外觀上看起來沒有那麼可口，未處理過的蝦仁黏液也容易讓口感扣分，所以老話一句，把第一步驟處理好，後面簡單做也會很好吃喔。

首先，用太白粉來洗蝦仁。太白粉顆粒比較細，具有一定的吸附能力，用太白粉抓洗過，可將蝦仁腥味與上面的黏液、髒東西等去除，顏色上也會比較漂亮。

太白粉約一大匙，比例上約太白粉是一、蝦仁是五，用手抓一抓，讓每一隻蝦仁都沾到太白粉，看到太白粉變得灰灰的，就可以用清水小心沖洗蝦仁，這樣的步驟要重複三次，會更容易去除蝦背上的沙筋（蝦腸），挑除沙筋，再用餐巾紙吸一吸蝦仁的水分，蝦仁的顏色會變得潔白，口感更鮮脆喔。

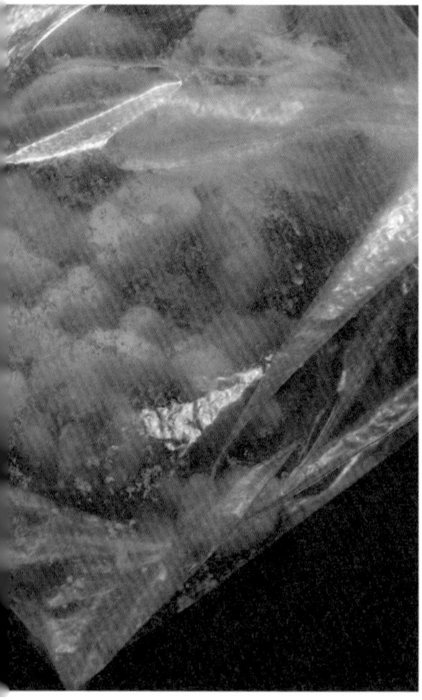

材料／

蝦子：200g

小黃瓜：2根

醬料／

葵花子油：6g

芥末仔：25g

蛋黃醬：25g

蒜末：1小瓣　這樣就好

蜂蜜：10g

蝦仁洗澡／

太白粉：10g

米酒：1匙

鹽：1小匙

作法／

1. 洗淨的蝦仁加入米酒與鹽，直接放進冰箱醃十五分鐘，經過冷藏醃過的蝦仁，水分會被吸收，會有脆脆的口感。然後再一次用紙巾擦掉多餘的水分，放進乾淨塑膠袋中，再撒上兩大匙地瓜粉輕輕拌勻，讓蝦身裹上薄粉，就擱在一旁靜置五分鐘。
2. 平底鍋加入少許油，放入生蝦仁，兩面煎至變紅色，起鍋備用。
3. 將小黃瓜直線、間隔削皮，小黃瓜視覺上會有層次感，然後放入鍋中兩面煎得金黃。
4. 最後，將醬料全部攪拌均勻後，澆入煎好的蝦仁與小黃瓜上拌均勻就完成了。

小捲、還有吻仔魚
不好意思啊，我對你們的尺寸也很龜毛

會吻你的魚

我很喜歡在基隆到處逛大大小小的市場，特別是賣海鮮的攤位。只要觀察在市場中，每一個攤位的老闆都有各自的美台式感，展現不同可愛之處，譬如有的攤位只賣一樣海菜，就沒有別的了；有的攤位只賣小捲，也沒有其它的了。所以，我們會看到就像專門店一樣的小捲攤、吻仔魚攤、蝦仁攤……等，老闆們對於自己賣的食材表現出專一的態度，事實上大部分攤位的老闆，多是花了大半輩子的時間，只做這件不簡單的事。

不同攤子上各類海鮮有不同排列組合，有趣的很，老闆會將海鮮分成大、中、小的尺寸，依照尺寸來歸類，整齊地擺在鋪好的荷葉上，以此標上不同的價格。我中意的吻仔魚就分別裝在大、中、小三個盤子上，有三種尺寸和三種價格。順帶提「海那邊」最常用到的海鮮是「小捲」是特別尺寸，為了搭配我的碗盤展現好看的比例，買的尺寸在「小」跟「大」之間固定配合的老闆們因此比較頭痛一些，要特別為我們再另外找一個尺寸出來。

回到吻仔魚，在家裡我最常買的是「中」跟「小」的吻仔魚尺寸，「中」吻仔魚給我的貓咪吃，「小」吻仔魚則是做成「油封吻仔魚」。在我家的冰箱，一罐油封吻仔魚是必備食材，可以拿來做吻仔魚義大麵、吻仔魚飯糰、吻仔魚炒飯，還可以做成吻仔魚蛋餅，或配一碗熱粥、涼拌沙拉、涼拌豆腐……都很搭，「油封吻仔魚」就是這樣好相處，好處多到說不完。

將「油封吻仔魚」想像成基本款，可用的範圍就變得很廣，當你沒有想法的時候，它就可以派上用場。摘了院子裡的紫蘇葉，切成細條狀，再加一些細海苔，一顆水波蛋，放在一碗剛煮好的越光米飯上，就是很開胃啊。我們把水波蛋放在最上面，用筷子戳一下，鮮美地蛋液流出來，佈滿在油封吻仔魚上，米飯的熱度帶出所有食材的香氣，是不是無敵簡單？事實上，這一道料理也是無敵的美味啊。

食材

吻仔魚：160g

蒜：4片

紅辣椒：1小條

橄欖油：1杯

鹽：1匙

胡椒粉少許

細海苔：隨自己喜歡

紫蘇葉：3片

白飯：一碗 or 連吃好幾碗

蛋：1顆

作法／

1. 將橄欖油、蒜末、紅辣椒（去籽切碎）、義大利香料，一起放入平底鍋中，用中火加熱，攪拌約三分鐘，聞到香氣後關火。

2. 放入吻仔魚，再加熱一至兩分鐘，加一匙鹽和少許胡椒粉、關火，然後放入儲存罐中，可在冰箱冷藏保存約十天。

水波蛋作法

蛋	一顆
水	1500cc
醋	30 cc

3. 將水和醋一起倒入鍋中，沸騰後倒入雞蛋液，轉小火，用湯勺轉同一個方向製造漩渦，保持沸騰狀態，至少要煮一分半鐘的時間，不同的時間長度，會呈現不同的熟度，我喜歡的是三分半的熟度。

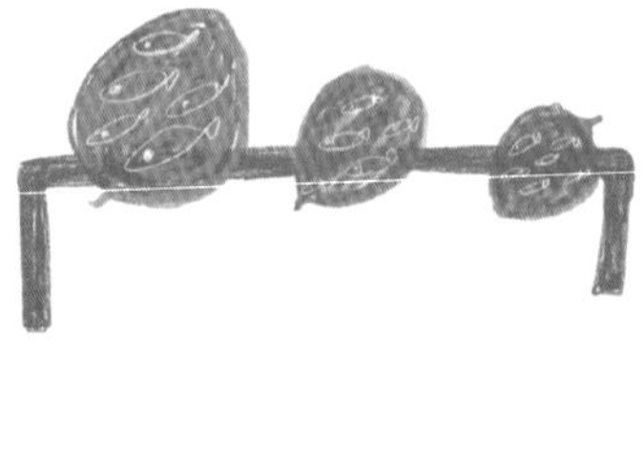

喝一口大海裡的清涼

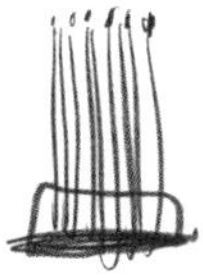

基隆人在夏天都會在地上曬棉被？朋友曾經一臉正經地問我。他說在來基隆的路上遠遠地看見奇特景像，在熱得冒煙地柏油路上像是鋪了一條棉被，走進一點看才發現是一絲、一絲鋪成金黃色的石花菜，正在炎炎地日曬下烘烤著，這是每一位基隆人都很熟悉的夏天風景啊。或許你也看到過，那看起來像曬棉被的景像，其實是在曬石花菜喔。

說到石花的品種可以分為鳳尾、大本、小本三個等級，最高級的侍者為鳳尾石花，她可是很挑剔的，僅僅生長在水質很好、湧流大的環境，在台灣的鳳尾石花生長的地方，是新北士淡水區的淺水灣一帶；一直到宜蘭的石城海濱，約一百公里的東北角海岸水域，這個地區有多樣地海蝕地形，非常適合鳳尾石花的生長和居住。鳳尾石花的味道很優雅、沒有腥味，相對地數量上也比較少，在價格上也是最貴的。

從溫柔海底帶回太陽下 繼續修行

採集鳳尾石花的時間，在每年三月底到五月間，專業的採集者要穿上潛水衣到海底親自摘採，珍貴的石花拿上岸要先沖洗乾淨，再一一攤在地上曝曬，為了讓水氣充分蒸發，時不時地就必須親自翻動它；在太陽底下曬一整天後，到了黃昏時分，再捲成一綑、一捆地收回。這樣的步驟必須連續做五至七天，一直到石花從暗紫色蛻變成金黃色，就算曝曬完成了。

在東北角海邊長大的小孩，對石花肯定都不陌生。兒時夏日，我們穿著夾腳拖鞋，臉上掛著鼻涕又哭、又鬧地吵著要喝冰涼飲料，因為攤販們都在誘惑我們；

小販們都在兜售大同小異地石花凍飲，用同樣透明壓克力材質做成的圓柱桶子裝呈涼水，裡頭漂浮很大一塊冰塊，以及裝得滿滿地小小方型石花凍。

攤販老闆會用一根長長的勺子，攪拌桶子裡的石花與涼水，然後盛上一勺再滴上幾滴新鮮檸檬汁，一起裝入透明塑膠袋，上頭插一根吸管，最後用紅色塑膠繩綁緊袋口呈現三角形狀。

在夏天的酷暑下我們一邊走一邊唱，
哭鬧與鼻涕就瞬間停止了。
海風一邊吹、唱著滑滑的
石花凍身體很容易涼起來

現在看不見手提的三角形塑膠袋了，換成了塑膠杯上頭插入吸管，我的心中別有一種「不是滋味」，跟莫名的失落感。

換我來誘惑你

熬煮石花時，我喜歡放很多鳳尾石花，故意讓水的比例少一些，就像是「濃縮的概念，以這種份量去煮石花，冷卻後會帶點黃色，呈現出透明果凍狀，冰鎮過後，在光線下看起來有著玻璃珠的晶瑩剔透，口感吃起來像果凍一樣。

我為了能在「海那邊」的夏天提供這一道甜品，早在前一年的冬天，就開始準備「糖漬甜橙皮」，好讓它的水果香氣可以和石花凍一起送上餐桌。糖漬甜橙皮的香氣，很容易在一瞬間就將我帶進度假的氛圍。把它們擺上餐桌前，最後會再灑上一些特調黃豆粉，就是我心目中最想要呈現的樣貌組合，糖漬甜橙皮、石花凍、特調黃豆粉，加上冰冰涼涼的感受，這個夏天會一盤接一盤吃，停不下來了。

海底下的世界，充滿了陰柔能量。鳳尾石花在水底下生長，活出一種柔軟的體質；當鳳尾石花上了岸，

就回到陸地接收了太陽
陽剛的力量

所以，當你品嘗「海那邊」的橙香石花，一定不要太心急，留一點點的覺察，也許，你會感受到毛細孔正在呼吸——那海浪正在輕拍著你的腳，太陽正在輕吻著你的臉。

愛上了這味道就要認命呀

你有這樣的習慣嗎？喜歡吃的食物就會四處去尋找，勇敢地嘗試，吃遍大街小巷，不會受到時間和距離遠近的限制，就因為太愛了、太想念了，所以一想它的時候就必須盡快衝到它面前，心才會安，靈魂才會定。

If a clod be
washed away by the sea
no man is an island

二〇二〇年疫情開始，出門、出國都受到了限制，我思念蕨餅的心情一天又一天地加劇，怎麼辦啊，誰可以把我的嘴饞、思念病帶走呢？我很享受蕨餅一入口的柔軟感釋放出的獨特魅力，跟著配上一口茶，簡單卻可以回味很久。然而，越是這樣想反而越加深懷念啊。我想到往年一到日本的第一件事，就是去尋找蕨餅；我會先以落腳的地方為起點，通常便利商店會有，一般食堂也會有，最後就會特地找上蕨餅專賣店了。回台灣到處嘗試的結果，總是覺得差了一個味道，既然愛上了，就自己動手做出心目中完美的蕨餅吧。

蕨餅是京都具有代表性的甜點之一，是用曝曬過的蕨菜根磨成粉做成，口感介於台式的麻糬跟涼糕中間。將準備好的蕨餅粉加水煮到極為黏稠、不好攪動的狀態，就表示差不多可以起鍋了，剛做好、熱騰騰的蕨餅會呈現一點點半透明的灰色，此時就要趕緊讓它成形。

準備一個兩公分高度的盤子，要先在盤子上薄薄地灑滿抹茶粉，才可以將蕨餅從鍋子轉移到盤子上喔。用木湯勺將蕨餅慢慢地延展成你想要的形狀，盡量讓厚度均勻一些，我更喜歡有些厚度的蕨餅，這樣它的口感更迷人，最後撒上一層抹茶粉在蕨餅熱呼呼的表面上，按照自己要的尺寸切塊。

一塊塊撒上墨綠色抹茶粉的蕨餅，像極了和平島阿拉寶灣的豆腐岩，在海邊

吃蕨餅別有一番應景的詩意。在和平島裡的阿拉寶灣，每到三月，豆腐岩就會慢慢成為綠色精靈的棲息地，每一塊像極豆腐形狀的岩石，悄悄地穿上綠色衣服，從日出到日落隨著光線和海水的變化，形成了千百種的綠，宛如天然色票。如此美好地畫面是大海和上天送給我們的禮物，沒有人看了會不喜歡。我喜歡想像一下，我就坐在魔毯上，可以接收到大海給我的淨化，還有綠色精靈送我的喜悅和健康。

犒賞自己要變成一種習慣

Q軟的蕨餅裡頭包覆著水份，每吃上一口，蕨菜根的香氣帶來一種厚實感，會層層疊疊地不斷增加，就像是走進三月的阿拉寶灣，整個氛圍都是海上春天的氣息，特別容易喜悅，跟麻糬比起來，蕨餅擁有一種很柔軟的感覺，在品嘗時絲毫不感覺費力，清涼口感伴隨著海浪的韻律，在淋醬上也可以隨自己喜好，沖繩黑糖、黃豆粉、抹茶粉……都是我喜歡的變化。犒賞自己的方式很多很多，這就是最柔軟的一個。

無敵白露紅豆

這是一項自我的克服，「把自己不喜歡的食材也煮得很到位」變成一件有趣的事。「你們紅豆怎麼那麼好吃呀」、「紅豆味道跟口感很特別」、「有沒有單獨賣紅豆湯」、「可不可以跟你們買還沒有煮的紅豆」……這些是跟「紅豆」相關詢問，在海那邊幾乎每天都會發生，詢問度非常高，然而在海那邊的菜單上，紅豆的品項只有兩種，一種是冰品「抹茶冰加上紅豆」，另一種則是熱湯「日式麻糬加入紅豆湯」。

「紅豆」是我第一個興奮抱回來的食材，是一種找了又找，尋了又尋的相遇。這也是我第一次認真的品嘗紅豆，

哇！原來不使用除草劑的紅豆是這個味道呀

在當下好讚嘆、真心喜歡，那次是我第一次愛上紅豆，它就是屏東萬丹契作紅豆。

直接與小農合作，讓食物的原味、更靠近自然的食材進入到海那邊。在地小農自豪地說，老天給這塊土地賦予了很棒的禮物：風和日麗、土質肥沃、水源清淨，以此種植出來的紅豆加上後天的栽培，我們就可以品嘗到大地的果實。紅豆在秋高氣爽的時節開始浪漫地孕育著，而「白露」是一年中氣候最為舒適的一段時間，在地小農選在白露過後播下種子，在隔年一月左右陸續採收，我真慶幸自己能在眾多選擇中遇見了它。如果你也吃過在海那邊的紅豆，就會知道我的形容一點也不誇張，因為——天然就是無敵啊。

客人也常常問到，你們紅豆怎麼煮的？我用了世界上最好用的「大同電鍋」來煮紅豆湯，怎麼煮都不會失敗，而且好吃的不得了；還有一個全世界都知道的祕密，就是煮紅豆時不能先放糖。如果你一開始就把紅豆跟糖放在一起，你的紅豆就永遠煮不軟、煮不透；還有，紅豆要是放太久就不新鮮了，煮出來也會是煮不軟、煮不透的命運，上述這三個重點，如果掌握住了，煮出來的紅豆都會好吃。

在炎熱地夏季，吃一碗抹茶紅豆冰，可以消消暑氣。在冷冷的冬季港邊吃一碗烤麻糬紅豆湯，也可以暖暖身子，這就是紅豆很好相處的地方。

僅僅是一碗甜湯，也想要讓人獲得多一些厚實大地的感受，特意選了沉沉地陶瓷器皿，釉藥是屬於冬天的藍，暖暖地海洋藍。用日本米做的麻糬，將表面烤出一些好吃的金黃色，然後斜十五度放在呈滿紅豆湯的碗中央，再畫一圈滑口的鮮奶油，灑了一些消除疲勞的有機乾燥紫羅蘭，這樣的熱甜湯就是我喜歡的。喔，對了，為了考量每個人對甜度的喜好不同，所以另外再準備一杯煎茶，可以視個人喜好加入湯中調和甜度，直接喝也可以喔。最後還有一小盤檸檬石花凍，務必最後、最後再吃喔，除了解膩外，還多了一份清爽的感受。

在「海那邊」菜單不複雜，每一道都是我想呈現的一幅畫——以食材原味、特選器皿，加上浪漫地音樂、燈光，和在地人情味，走進這個小漁港，你也會漸漸了解海邊的語言。

材料
/
紅豆：洗米杯1杯
冰糖：40g

作法／

把洗乾淨的紅豆放到鍋裡，紅豆與水的比例是一比四，外鍋放兩杯水，按下開關開始熬煮。這時候就不用管它了，開始敷臉、修指甲、看看劇。等到電鍋開關跳起來後，繼續放著紅豆繼續悶一小時。

接下來再煮一次，第二次內鍋的水放少一點，紅豆與水的比例是一比三，外鍋兩杯水不變，直到開關跳起。我喜歡這個時間點放進糖調味，原因是這個黃金時間紅豆已經熟了，只是還沒到透的程度，此時把糖加進去，糖的甜度會滲透到每一顆紅豆中，比較容易入味；等到開關跳起，再繼續悶半小時，就會是一鍋粒粒分明、又鬆又飽滿的紅豆湯了。

綠色海島抹茶冰

你有過不小心愛上一個人嗎？我有過耶，在沒有準備好的狀態下，沒有化妝、還有點邋遢，偏偏就在旅行的時候，走進一間小小店鋪裡，燈光有些灰暗，室內很幽靜，我看見他的氣質出眾，身上的味道迷人，

那瞬間我毫無招架力的愛上他

他就是「抹茶」。

遇到「抹茶」很容易失去理智線，就算我吃得再飽，就算已經買很多了，只要一看到「抹茶」兩個字，我就會說，「等我一下，我想進去看一下」，這個「看一下」，你知道的，就是沒完沒了，會像掃貨一樣買

下每一種抹茶食品，回到旅館房間再一盒、一盒打開試吃，要是喜歡了就狠狠地全買回台灣慢慢吃。大概很多人都跟我一樣吧，都是在日本旅行的時候，一個不小心，愛上它。

特別喜歡烤得小小塊的抹茶餅乾，配上一杯冰紅茶，這種組合莫名地可以補滿心裡的空缺。遇到天氣很熱的日子，我也會在家裡製作抹茶冰，

聽著蟬聲一口一口小小聲地吃完

怕隔壁的小孩，家裡的老公會跟我搶著一起吃。

到了冬天就要來一杯香濃地抹茶歐蕾了，用上等抹茶粉對上少量的水，再用茶筅刷動，在特別寒冷的時候喝，特別暖。它有些苦澀卻充滿香氣，尤其是好的抹茶，獨特的墨綠色，實在優雅的不得了，但是，不是每個人都喜歡抹茶的喔，它不是人見人愛的口味，它挑人。儘管如此，我還是堅持要把抹茶冰放進「海那邊」，我要在我居住的城市中也會有一款有水準的抹茶冰，讓想吃的人很容易就吃得到。

在設計這一款「綠色海島抹茶冰」時，我們也跟自己玩了一個遊戲，在眾多抹茶品牌中，選了市面上很有名、有品牌、有口碑的七款抹茶粉來盲測。我們把七款抹茶換上透明標籤，再把這七款抹茶以不同比例混搭，於是整個桌面上就擺滿

幸福の抹茶

了各式比例調成的抹茶粉袋子，貼著不同排列組合的標籤；我們就這樣試了三天，再從中選出最喜歡的口味。

隔一天我們開始試牛奶，這次桌上擺滿了不同品牌的牛奶，遊戲規則不變，一一倒在杯子裡，用五感去認識自己喜歡的牛奶，再把最喜歡的抹茶跟不同品牌的牛奶搭配看看，以此方式也選出了一款牛奶。

最後還要再加上紅豆，於是我們重新在抹茶、牛奶、紅豆之間尋找黃金比例，就這樣一直反覆地測試，就做成了三款不同表情的抹茶醬。將其中兩款抹茶醬澆在綿密雪白的細冰上，再將第三款抹茶做成抹茶凍的內餡。最後「綠色海島抹茶冰」才有了大致上的表情。

於是，當你在吃這一碗冰的時候，可以由上而下，一層、一層品嘗到抹茶不同的細節。

坐在港邊，看一眼前方的和平島和騎摩托車的阿伯，對岸有著紅色屋頂的土地公廟，有在地人生活痕跡的矮房子，再看看搖擺的漁船激起的一陣陣浪花……然後，以綠色海島抹茶冰敬眼前的綠色的和平島。

材料
/
抹茶粉：小山園五十鈴 12g
果糖：加入自己喜歡的甜度
冰牛奶：200g
冰塊：少許

作法／

先將抹茶粉用濾茶網篩過之後，再用少許沸騰的熱水攪拌，溫度太低的話，抹茶粉容易結塊；然後準備好透明玻璃杯，倒入牛奶和果糖可以讓牛奶的密度改變，攪拌均勻後放入冰塊，再將以熱水攪拌好的抹茶順著冰塊倒入，這樣可以緩衝抹茶的衝擊力，最後形成漂亮的分層囉！

好幾次有小孩子來到店裡，用完餐要離去的時候跟媽媽說，「我長大也想開冰店」，甚至還有一位可愛的小孩回家畫了一張畫送給海那邊，孩子的心在店裡或許共振到了某種愛的元素吧，他們喜歡的是「好的食材和可愛的人們、善良的你，再加上喜歡享受生活的態度，剛剛好放在一起」，他們的樣子叫做「可愛」，生活是可愛的、吃冰是可愛的、「好好生活」是可愛的喔。插畫：Julius Wang 小朋友。

在海那邊
款待自己

作　　　者　潘薇安 Penny & Angels
攝影／插畫　潘薇安
責任編輯　賴曉玲
版　　　權　黃淑敏、吳亭儀
行銷業務　周佑潔、華華、劉治良
總　編　輯　徐藍萍
總　經　理　彭之琬
事業群總經理　黃淑貞
發　行　人　何飛鵬
法律顧問　元禾法律事務所　王子文律師
出　　　版　商周出版
台北市中山區104民生東路二段141號9樓
電話：(02) 2500-7008　傳真：(02)2500-7759
E-mail：bwp.service@cite.com.tw
發　　　行　英屬蓋曼群島商家庭傳媒股份有限公司城邦分公司
台北市中山區104民生東路二段141號2樓
書虫客服服務專線：02-25007718．02-25007719
24小時傳真服務：02-25001990．02-25001991
服務時間：週一至週五09:30-12:00．13:30-17:00
郵撥帳號：19863813　戶名：書虫股份有限公司
讀者服務信箱：service@readingclub.com.tw
城邦讀書花園：www.cite.com.tw
香港發行所　城邦（香港）出版集團有限公司
香港灣仔駱克道193號東超商業中心1樓 / E-mail：hkcite@biznetvigator.com
電話：（852）25086231　傳真：（852）25789337
馬新發行所　城邦(馬新)出版集團
Cité (M) Sdn. Bhd.
41, Jalan Radin Anum, Bandar Baru Sri Petaling, 57000 Kuala Lumpur, Malaysia
電話：（603）9057-8822　傳真：（603）9057-6622
封面／內頁　傑尹視覺設計
印　　　刷　卡樂製版印刷事業有限公司
總　經　銷　聯合發行股份有限公司
地　　　址　新北市231新店區寶橋路235巷6弄6號2樓
電話：(02)2917-8022　傳真：(02)2911-0053

■2021年09月16日初版　　Printed in Taiwan
定價／480元

ISBN 978-986-5482-09-1

國家圖書館出版品預行編目（CIP）資料

在海那邊款待自己 / 潘薇安 (Penny & Angels) 作 . -- 初版 . -- 臺北市：商周出版：英屬蓋曼群島商家庭傳媒股份有限公司城邦分公司發行 , 2021.09

面；　公分

ISBN 978-986-0734-98-0(平裝)

1. 飲食 2. 生活美學

427　　110009586

在海那邊款待自己

料理會帶著你往喜歡的方向走去

文／圖　潘薇安 Penny&Angels